T0208053

essentials

essentials liefern aktuelles Wissen in konzentrierter Form. Die Essenz dessen, worauf es als „State-of-the-Art" in der gegenwärtigen Fachdiskussion oder in der Praxis ankommt. *essentials* informieren schnell, unkompliziert und verständlich

- als Einführung in ein aktuelles Thema aus Ihrem Fachgebiet
- als Einstieg in ein für Sie noch unbekanntes Themenfeld
- als Einblick, um zum Thema mitreden zu können

Die Bücher in elektronischer und gedruckter Form bringen das Fachwissen von Springerautor*innen kompakt zur Darstellung. Sie sind besonders für die Nutzung als eBook auf Tablet-PCs, eBook-Readern und Smartphones geeignet. *essentials* sind Wissensbausteine aus den Wirtschafts-, Sozial- und Geisteswissenschaften, aus Technik und Naturwissenschaften sowie aus Medizin, Psychologie und Gesundheitsberufen. Von renommierten Autor*innen aller Springer-Verlagsmarken.

Simon Christian Becker ·
Horst Roman-Müller

Integrierte
Projektabwicklung (IPA)

Schnelleinstieg für Bauherren,
Architekten und Ingenieure

Simon Christian Becker
München, Deutschland

Horst Roman-Müller
Offenbach am Main, Deutschland

ISSN 2197-6708   ISSN 2197-6716 (electronic)
essentials
ISBN 978-3-658-38253-7   ISBN 978-3-658-38254-4 (eBook)
https://doi.org/10.1007/978-3-658-38254-4

Die Deutsche Nationalbibliothek verzeichnet diese Publikation in der Deutschen Nationalbiblio-
grafie; detaillierte bibliografische Daten sind im Internet über http://dnb.d-nb.de abrufbar.

Planung/Lektorat: Karina Danulat
Springer Vieweg ist ein Imprint der eingetragenen Gesellschaft Springer Fachmedien Wiesbaden
GmbH und ist ein Teil von Springer Nature.
Die Anschrift der Gesellschaft ist: Abraham-Lincoln-Str. 46, 65189 Wiesbaden, Germany

Was Sie in diesem *essential* finden können

- Konfliktursachen bei konventionellen Projektabwicklungsmodellen.
- Charakteristika der Integrierten Projektabwicklung (IPA).
- Die Projektkultur und das Management bei IPA-Projekten.
- Die Ermittlung der Kosten und die Terminplanung bei IPA-Projekten.
- Die Organisation des Risikomanagements.
- Das Vergütungs- und Anreizmodell.
- Die Funktionen und Regelungsmechanismen des Mehrparteienvertrags.
- Ausschreibung und Vergabe für IPA-Projekte.

Geleitwort

Für die Realisierung von Bauvorhaben steht Bauherren eine Reihe von Projektabwicklungsmodellen zur Verfügung, die seit Jahrzehnten in der Bauwirtschaft zum Einsatz kommen. Sie basieren in der Regel auf bilateralen Vertragsbeziehungen und haben bei Vorliegen spezifischer Randbedingungen eines Projekts ihre Berechtigung. Häufig geraten diese konventionellen Modelle, insbesondere bei anspruchsvollen Bauvorhaben, jedoch an ihre Grenzen. Die Einzelinteressen der Beteiligten stehen dann im Widerspruch zu den Gesamtprojektzielen. Aus diesen Interessensgegensätzen und dem daraus folgenden Verhalten resultieren ineffiziente Prozesse, eskalierte Konflikte und im Ergebnis nicht oder nur partiell erreichte Projektziele, somit Unzufriedenheit und negative ökonomische Ergebnisse bei den Projektbeteiligten.

Die Integrierte Projektabwicklung (IPA) ist ein Abwicklungsmodell, das diese Problematik an den Wurzeln packt. Es integriert die wesentlichen Beteiligten auf den verschiedenen Ebenen eines Projekts – kulturell, organisatorisch, prozessual, ökonomisch und vertraglich. Im Kern schafft es die Rahmenbedingungen dafür, dass Bauherr, Planer und Bauausführende von Beginn an die Wertschöpfung in den gemeinsamen Fokus ihrer Tätigkeit stellen können und die dafür erforderliche Kollaboration in ihrem ökonomischen Interesse liegt. Als wir 2016 mit der Initiative Teambuilding begannen, die inzwischen in das Kompetenzzentrum für Integrierte Projektabwicklung (IPA-Zentrum) überführt wurde, war die sich nun abzeichnende Dynamik im Hinblick auf das Interesse an der Umsetzung von IPA-Projekten in dieser Form nicht absehbar. Es ist daher sehr zu begrüßen, dass IPA nun auch in Deutschland angekommen ist.

Mit dem vorliegenden Werk nehmen Simon Christian Becker und Horst Roman-Müller diese Dynamik auf und bieten eine Einführung für Interessenten. Die Autoren stellen die wesentlichen Bestandteile der IPA vor und geben einen

ersten Einblick in die Funktionsweise sowie das Potenzial dieses Abwicklungsmodells. Ich freue mich sehr darüber, dass sie sich dieser Aufgabe gestellt haben
und wünsche ihrem Werk eine möglichst große Verbreitung und allen Lesern viel
Freude beim Einstieg in die Integrierte Projektabwicklung.

Karlsruhe   Prof. Dr. Shervin Haghsheno
Sommer 2022

Vorwort

Trotz präziser Ausführungsunterlagen, Leistungsbeschreibungen, „wasserdichter" Verträge mit möglichst vollständigen Regelungen von Rechten, Pflichten, Vergütung und Haftung prägen Misstrauen, Desinformation und Egoismus oft die Zusammenarbeit der Vertragsparteien im Baugewerbe. Der Projekterfolg steht häufig (weit) hinter dem eigenen ökonomischen Erfolg. Wie wäre es, wenn es stattdessen gelänge, die gegensätzlichen Interessen transaktionaler Verträge aufzuheben und Entscheidungsspielräume und -freiräume zuzulassen? Ökonomische Interessen auf ein Ziel wie in einem Unternehmen auszurichten? Den fairen und partnerschaftlichen Umgang auf Augenhöhe miteinander zu regeln? Diese Zusammenhänge haben uns sehr beschäftigt und aus ihnen resultiert unser Interesse für die Integrierte Projektabwicklung (IPA).

Das vorliegende Buch soll einen Denkanstoß geben und dem Leser Mut machen, tradierte Wege zu verlassen und sich auf Neues einzulassen. Es soll zeigen, wie insbesondere komplexe Projekte im geplanten Budget und Zeitrahmen durchgeführt werden können und sich in Zukunft hoffentlich ein neues Verständnis für die Zusammenarbeit bei Großprojekten einstellt. Unser Buch zeigt zugleich Ansätze einer Management- und Teamkultur, die durchaus auch bei der konventionellen Projektabwicklung Anwendung finden können. Dabei bietet es einen Schnelleinstieg mit den wichtigsten Charakteristika der IPA. Es ist selbstverständlich, dass gerade bei neuen Entwicklungen es sicher dem ein oder anderen schwerfallen wird, sich darauf einzulassen und er Bedenken hat. Wir als

Autoren und praktizierende Bauingenieure hoffen jedoch, dass diese Einführung dazu dienen wird, sich in Zukunft näher mit der IPA zu beschäftigen und sie im besten Fall einzusetzen – für das Beste im Projekt.

München und Wiesbaden   Simon Christian Becker
Sommer 2022   Horst Roman-Müller

Danksagung

Unser besonderer Dank gilt Sabine Seippel und dem Team von Seippel & Weihe Kommunikationsberatung GmbH, das uns bei der grafischen Gestaltung der Abbildungen unterstützt hat, ebenso auch Kirsten Rachowiak für das Lektorat und ihre vielen wertvollen Hinweise. Unser weiterer Dank gilt Herrn Prof. Dr. Christian Lührmann von der Kanzlei Kapellmann und Partner wie auch Frau Dr. Annette Rösenkötter von der Kanzlei FPS Partnergesellschaft für die Durchsicht der vertrags- bzw. vergaberechtlichen Kapitel. Ferner möchten wir uns bei der *essential*-Projektgruppe für die kooperative und vertrauensvolle Zusammenarbeit bedanken, insbesondere bei der Projektkoordinatorin Frau Kaliya Palani und der Cheflektorin Frau Karina Danulat.

Nicht zuletzt möchten wir uns auch bei allen Autoren und Wissenschaftlern bedanken, welche die IPA vorgedacht, hinterfragt oder erläutert und damit einen wesentlichen Beitrag zu diesem Buch geleistet haben.

Sollten Sie Fragen, Anmerkungen oder Ideen haben, kontaktieren Sie uns gerne per E-Mail: ipa-buch@outlook.de oder über die sozialen Medien. Wir freuen uns über einen Austausch.

Aus Gründen der leichteren Lesbarkeit wird auf eine geschlechtsspezifische Differenzierung verzichtet. Entsprechende Begriffe gelten im Sinne der Gleichbehandlung für alle Geschlechter.

Inhaltsverzeichnis

Einführung 1

Kaum ein großes Bauprojekt der öffentlichen Hand in Deutschland wird im geplanten Termin- und Kostenrahmen abgeschlossen. Die Gründe dafür sind vielfältig und reichen von mangelhafter Bedarfsermittlung, strikter Trennung von Planung und Ausführung, fehlendem Risikomanagement und Controlling bis hin zu einer mangelnden Kooperation und unzureichenden Konfliktlösungsmodellen. Ein Blick ins Ausland zeigt, dass Bauen dort wohl besser gelingt – nicht nur in den USA und Australien, sondern auch in Europa, zum Beispiel in Großbritannien und Finnland. Das wirft die Frage auf, warum Bauprojekte in anderen Ländern seltener scheitern als in Deutschland. Eine Hypothese ist, dass die seit Jahren erfolgreich eingesetzten Modelle der Integrierten Projektabwicklung (IPA) – im englischsprachigen und skandinavischen Raum als Integrated Project Delivery (IPD) oder Project Alliancing (PA) bezeichnet – ein wesentlicher Grund dafür sind. Der Schlüssel liegt in der Harmonisierung der Interessen der Projektbeteiligten auf ein gemeinsames Projektziel hin; Partikularinteressen, die auf vielen einzelnen Vertragsbeziehungen und gegenseitigen Schuldzuweisungen beruhen, treten in den Hintergrund. Die Etablierung einer völlig neuen Projektkultur, in der Prinzipien wie gegenseitiges Vertrauen, Kooperation und Kollaboration, Transparenz, Einstimmigkeit und gemeinsame Haftung den Projekterfolg sicherstellen, stellt im Vergleich zur Abwicklung konventioneller Bauvorhaben ein Paradigmenwechsel im Bauen dar. Daher ist es spannend und wertvoll, die IPA genauer zu untersuchen, zu diskutieren und zu verbreiten.

Hierzu betrachtet das vorliegende Buch auf der Basis von umfassend vorliegender Literatur, Whitepapers und Erfahrungsberichten elementare Grundlagen und Charakteristika der IPA (Kap. 2) und erläutert die wesentlichen Regeln für die Zusammenarbeit und Besonderheiten der einzelnen Leistungsversprechen

S. C. Becker und H. Roman-Müller, *Integrierte Projektabwicklung (IPA)*, essentials, https://doi.org/10.1007/978-3-658-38254-4_1

(Kap. 3). Die vertragliche Umsetzung und neuen „Spielregeln" für die Zusammenarbeitet werden in Kap. 4 beschrieben. Die richtige Wahl der Verfahrensart für die Ausschreibung wie auch der gesamte Vergabeprozess werden in Kap. 5 dargestellt und die Ergebnisse abschließend in Kap. 6 zusammengefasst.

Von der konventionellen Projektabwicklung zur Integrierten Projektabwicklung (IPA)

2

2.1 Modelle der konventionellen Projektabwicklung

Die möglichen Projektabwicklungsmodelle ergeben sich durch die projektspezifische Wahl der Kombination dieser drei Elemente: Vergabeart, Unternehmereinsatzform und Vertragsart (Budau & Mayer, 2019, S. 65). Während die Vergabeart für öffentliche und private Auftraggeber unterschiedlich behandelt wird, beruhen klassische bilaterale Verträge ungeachtet der Form des Auftraggebers in der Regel auf Einheits- oder Pauschalpreisverträgen. Als Unternehmereinsatzform kann hier zwischen Einzelunternehmen, General- oder Totalunternehmer gewählt werden (Al Khafadji & Scharpf, 2018, S. 12).

Die Abwicklungsmodelle beinhalten insbesondere bei komplexen Bauvorhaben eine Vielzahl an Konfliktursachen (vgl. Abb. 2.1). Diese lassen sich zur besseren Übersicht in die Kategorien Organisation, Kosten und Termine, Ausschreibung bzw. Verträge einordnen, die wiederum starke Wechselwirkungen untereinander haben können. Nachfolgend werden die häufigsten Ursachen bei einer konventionellen Abwicklung beschrieben.

Die Trennung von Planung und Bauausführung erschwert oft eine erfolgreiche Umsetzung des Vorhabens (Budau et al., 2018, S. 76; Sundermeier & Schlenke, 2010, S. 563). Das bedeutet, dass alle benötigten Partner erst nach und nach für ein Projekt beauftragt werden. Alle Projektbeteiligten werden sukzessiv in das Vorhaben eingebunden (Eitelhuber, 2007, S. 14). Aufgrund dieser Fragmentierung von Planungs- und Realisierungsprozessen und der späten Involvierung insbesondere der ausführenden Unternehmen können nicht alle Ressourcen und möglichen Potenziale effizient genutzt werden. Die späte Einbindung führt zu Informationsverlusten und die Vertragsbindung jeweils einzeln und nur dem Bauherrn gegenüber zu einer Steigerung der eigenen Nutzenmaximierung. Der Fokus

Organisation	Kosten, Termine und Ausschreibung	Verträge
– Sukzessive Einbindung aller Beteiligter	– Mangelhafte Bedarfs-ermittlung	– Bilaterale Verträge
– Trennung von Planung und Bau	– Fehlendes Risiko-management	– Fehlende Arbeits-vorbereitung aufgrund zu kurzer Zeit zwischen Auftragserteilung und Ausführung
– Informations-asymmetrien	– Preise der Auftrag-nehmer sind gering kalkuliert, um den Auftrag zu erhalten	– Vergütung aufgrund eines abschließenden Leistungsverzeichnisses
– Kein gemeinsames Projektverständnis		
– Mangelnde Entschei-dungsbefugnisse auf der operativen Baustellen-ebene	– Bauzeiten sind unrealistisch eingeschätzt	– Fehlende Mechanismen zur Streitbeilegung
– Zu viele Schnittstellen zwischen den Beteiligten	– Fehlerhafte und mangelhafte Ausschreibungs- und Ausführungsplanung	

Abb. 2.1 Konfliktursachen bei der konventionellen Projektabwicklung

liegt auf dem eigenen Unternehmenserfolg, nicht auf dem Projekterfolg. Daher kann erst relativ spät ein gemeinsames Projektverständnis entstehen und die Kommunikation zwischen allen Beteiligten findet nicht oder nur erschwert statt. Außerdem kommt es aufgrund der oft streng hierarchischen Organisationsstruktur bei einer konventionellen Projektabwicklung vor allem auf der Baustelle zu langen Entscheidungswegen, was schnelle Reaktionen unterbindet und zu erheblichen zeitlichen Verzögerungen beitragen kann (Goger & Reckerzügl, 2020, S. 224).

Eine weitere Ursache ist die mangelhafte Bedarfsermittlung. Eine sachgerechte Ermittlung des Bedarfs ist jedoch unerlässlich. Häufig wird schon vor der Beauftragung der Planer eine unvollständige oder nicht dauerhaft haltbare Bedarfsplanung des Nutzers vorgelegt (Warda, 2020, S. 23). Sie führt dazu, dass die Bauzeiten unrealistisch eingeschätzt werden und es zu einem Verzug in Planung und Ausführung kommt. Oft gibt es auch ein eher mangelhaft durchgeführtes Risikomanagement mit der Folge, dass Risiken nicht oder zu spät erkannt werden. Daher wird kein ausreichendes Risikobudget für das Projekt gebildet, weshalb es bei dem Eintritt eines Risikos zu hohen Kostenüberschreitungen kommen kann. Zudem ist das Vergabeverfahren mit der Wahl des billigsten

Anbieters nicht zielführend. Dies führt dazu, dass Auftragnehmer ihren Preis bewusst geringer kalkulieren als tatsächlich notwendig, um den Auftrag zu erhalten. Anschließend werden Nachträge mit dem Ziel generiert, das Bauvorhaben nicht mit einem Verlust zu beenden.

Die vertragliche Beziehung bei konventionellen Projektabwicklungsmodellen erfolgt zwischen allen Beteiligten über bilaterale Verträge. Dabei schließt zum Beispiel der Bauherr einen Vertrag mit einem Architekten, einen weiteren mit einem Bauunternehmen und wiederum weitere Verträge mit anderen Projektbeteiligten. Viele Parteien arbeiten an einem Bauwerk, haben jedoch vertraglich und kommunikativ keine Schnittstelle zur Klärung ihrer Rechte und Pflichten. Dieses Problem wird verstärkt durch fehlende Kommunikation und einem weiten Netz aus bilateralen Verträgen am Bau (Warda, 2020, S. 44–45). Außerdem ist die Arbeitsvorbereitung aufgrund der geringen Zeitspanne zwischen Auftragserteilung und Ausführung sehr kurz, was häufig zu Ausführungsunsicherheiten bzw. -fehlern in der Realisierung führt. Darüber hinaus ist eine flexible Anpassung der Leistung durch die abschließende Vereinbarung des Bau-Solls in Leistungsverzeichnissen nicht möglich. Diese Faktoren führen zu intensiven Verhandlungen über Änderungen, einen hohen Ressourceneinsatz hierfür und einen Dissens darüber, wer die Kosten zu tragen hat. Letztlich fehlt es in der Regel auch an Instrumenten für ein systematisches Konfliktmanagement (Sundermeier & Schlenke, 2010, S. 564).

Die aufgeführten Punkte zeigen im Ansatz die Schwierigkeiten konventioneller Abwicklungsmodelle insbesondere bei komplexen Bauprojekten und wie konfliktanfällig diese sind (Scharpf & Al Khafadji, 2018, 286).

2.2 Die Integrierte Projektabwicklung (IPA)

Der Begriff der Integrierten Projektabwicklung (IPA) dient im deutschsprachigen Raum zur Beschreibung eines Projektabwicklungsmodells, das seit 2018 in ersten Pilotprojekten in Deutschland Anwendung findet (Haghsheno et al., 2020, S. 82). Die Bezeichnung IPA wurde durch die Initiative Teambuilding geprägt. Die Initiative, welche aus ca. 40 Organisationen aus Praxis und Wissenschaft besteht, verfolgt Ansätze, die eine bessere Zusammenarbeit bei Bauprojekten im Ausland betrachtet und ihre Anwendbarkeit in Deutschland untersucht (Haghsheno et al., 2022, S. 63). Die Initiative Teambuilding wurde im Jahr 2020 in IPA-Zentrum umbenannt (IPA-Zentrum, 2022). Aktuell befinden sich mehr als ein Dutzend IPA-Projekte in Deutschland in verschiedenen Phasen der Durchführung (Haghsheno et al., 2022, S. 63).

Für die IPA existiert keine einheitliche Definition. Daher gibt es aus den verschiedenen Ländern, in denen sie bereits angewendet wird, entsprechende Bezeichnungen und Detailunterschiede, auf welche nachfolgend eingegangen wird. Als Definition für die IPA in Deutschland wird hier auf die von James Pease zurückgegriffen. Er definiert sinngemäß:

Die IPA ist ein Modell für die Durchführung von Bauprojekten, bei dem ein einziger Vertrag für Planung und Bau mit einem geteilten Risiko-Ertrags-Modell, garantierter Kostenerstattung, Haftungsverzicht zwischen den Teammitgliedern, einem auf Lean-Prinzipien basierenden operativen Ansatz und einer Kultur der Zusammenarbeit Anwendung findet (Pease, 2018).

Um die IPA weiter zu strukturieren, hat das IPA-Zentrum im Jahr 2020 acht Charakteristika identifiziert. Diese Charakteristika wurden dabei in Kombination als maßgeblich für das Gelingen von IPA-Projekten identifiziert (Haghsheno et al., 2022, S. 70). Nachfolgend werden die acht Charakteristika der IPA aufgeführt und anschließend kurz beschrieben (Haghsheno et al., 2022, S. 70–71):

- Etablierung eines Mehrparteienvertrags,
- frühzeitige Einbindung der Schlüsselbeteiligten mittels Kompetenzwettbewerb,
- gemeinsames Risikomanagement,
- Anreizsystem im Rahmen eines Vergütungsmodells,
- Einsatz kollaborativer Arbeitsmethoden,
- gemeinsame Entscheidungen,
- lösungsorientierte Konfliktbearbeitung und
- kooperative Haltung der Beteiligten.

Der Mehrparteienvertrag verbindet alle Schlüsselbeteiligten aus Planung und Ausführung. Sie tragen die gemeinsame Verantwortung für die Erreichung der Projektziele. Eine frühzeitige Einbindung der Schüsselbeteiligten erfolgt mittels Kompetenzwettbewerb, das heißt, die Bewerber werden anhand ihrer Kompetenzen ausgewählt und nicht aufgrund des von ihnen angebotenen Preises. Zusätzlich werden die Bewerber zu einem früheren Zeitpunkt in das Projekt eingebunden als bei der konventionellen Projektabwicklung. Das Risikomanagement wird von allen Beteiligten gemeinsam und kooperativ durchgeführt und fortlaufend über das Projekt die Chancen und Risiken validiert. Im Rahmen des Vergütungsmodells ist ein Anreizsystem implementiert, welches die Erstattung der tatsächlich entstandenen Kosten berücksichtigt, ein gemeinsames Tragen des Risikos vorsieht und eine weitere Bonuszahlung bei der Erreichung der Projekteziele in Aussicht stellt. Daneben werden zur Verbesserung der Arbeit kollaborative Arbeitsmethoden eingesetzt, welche zu einem transparenten Informationsaustausch führen und die Koordination der Beteiligten verbessert, zum Beispiel mittels Building Information Modelling (BIM) oder Lean Construction. Die IPA sieht eine integrierte Aufbauorganisation vor, Entscheidungen werden gemeinsam und einstimmig getroffen im Sinne „best for project". Konflikte werden in der Regel auf den verschiedenen Managementebenen im Projekt bearbeitet und gelöst, ggf. auch durch eine nachrangige außergerichtliche Streitbeilegung. Von den Beteiligten wird erwartet, dass sie sich bei einer Anwendung der IPA kooperativ verhalten, keine Schuld zuweisen und ein kontinuierliches Lernen stattfindet (Haghsheno et al., 2022, S. 71).

In diesem Buch werden diese acht Charakteristika als tragende Elemente der Integrierten Projektabwicklung angesehen und detailliert beschrieben. Nachfolgend werden die Vorteile und Herausforderungen der IPA aufgezeigt, bevor auf die einzelnen Charakteristika eingegangen wird.

Die Auswahl der Projektbeteiligten erfolgt nicht mehr nach dem Kriterium des günstigsten Anbieters. Es werden diejenigen Bewerber ausgewählt, welche am besten für das Projekt geeignet sind. Die IPA stellt über einen Mehrparteienvertrag sicher, dass die an Planung und Bau Beteiligten zusammengeführt werden. Durch die frühe Einbindung aller Projektbeteiligten kann ihr Fachwissen und Innovationspotenzial optimal und im Sinne des Projekts genutzt werden. Die gemeinsame Planung und Ausführung schafft Kosten- und Terminsicherheit. Durch den Anreizmechanismus im IPA-Vertrag, zum Beispiel über eine Bonuszahlung bei Unterschreitung der geplanten Basis-Zielkosten, geraten Einzelinteressen in den Hintergrund und es entsteht ein gemeinsames Zielverständnis. Risiken werden gemeinsam identifiziert und falls möglich versichert. Ansonsten sorgt der dafür geeignetste Projektpartner für die Behebung der Risikofolgen (Warda, 2020, S. 88–89).

Gegenüber den dargestellten Vorteilen lassen sich für die IPA drei Herausforderungen identifizieren (Pease, 2018):

1. Zu einem frühen Zeitpunkt sind bereits alle Beteiligten in das Projekt eingebunden. Daher entstehen schon zu Beginn des Projekts hohe Transaktionskosten.
2. Da das Auswahlverfahren für die geeigneten Projektbeteiligten längere Zeit benötigt, können zu einem frühen Zeitpunkt höhere Kosten entstehen, welche bei der konventionellen Vergabe nicht auftreten.
3. Während der Planungsphase können ggf. nicht die Basis-Zielkosten erreicht und vereinbart werden, die sich der Bauherr vorstellt. In der Konsequenz muss der Mehrparteienvertrag aufgehoben und die Planungs- und Bauleistungen neu ausgeschrieben werden.

Die IPA ist ein Modell, welches nicht für alle Projekte geeignet ist (Breyer et al., 2020, S. 285; Cheng et al., 2020, S. 14). Es ist jedoch besonders bei lang laufenden bzw. komplexen Großprojekten anwendbar. Eine Entscheidungshilfe für die Wahl von IPA bietet die Tabelle in Abb. 2.2. Unter den Projekteigenschaften werden die wichtigsten Attribute des Projekts aufgeführt, welche die Wahl des Abwicklungsmodells unterstützen soll. Als Auswahlkriterien stehen zur Auswahl „zutreffend", „weniger zutreffend" und „nicht zutreffend". „Zutreffend" beschreibt dabei die höchste Übereinstimmung (100–75 %) mit dem Gegebenheiten im Projekt. „Weniger zutreffend" bedeutet, dass diese Eigenschaft nur zu einer geringeren Wahrscheinlichkeit eintritt (75–50 %). Das Attribut „nicht zutreffend" bedeutet, dass diese Eigenschaft bei dem Projekt nicht wahrscheinlich ist. So können zum Beispiel weitere Projekteigenschaften eine Entscheidungswirksamkeit haben. Es sollte zuvor mit Experten nochmals eine Validierung für das passende Abwicklungsmodell durchgeführt werden.

Projekteigenschaften		zutreffend	weniger zutreffend	nicht zutreffend
Projektvolumen	relativ hohe Kosten			
Marktstruktur	relativ hohe Anzahl der Anbieter			
Motivationsgründe	technische Innovation			
	gestalterische Innovation			
	Vielzahl an Innovationsfeldern			
Risikofaktoren	relativ geringes Budget			
	relativ geringer Zeitrahmen			
Klarheit über Projektziele	aktueller Planungsstand			
	Zeitrahmen für die Entwicklung der Planung			
Wahrscheinlichkeit für Änderungen	Gebäudetechnik			
	Ansprüche			
	rechtliche Auflagen			
	öffentliche Aufmerksamkeit			
Komplexität	Wechselwirkungen zwischen den technischen Disziplinen			

Abb. 2.2 Auswahlkriterien für die Integrierte Projektabwicklung, vgl. Cheng et al., 2021, S. 15

Neben der IPA gibt es in anderen Ländern weitere alternative Projektabwicklungsmodelle (APA). Diese weisen vergleichbare Charakteristika auf wie die der
Integrierten Projektabwicklung. Die APA werden in anderen Ländern entweder
über Projektgesellschaften oder Mehrparteienverträge realisiert. In Ländern wie
den USA, Australien, Großbritannien, Finnland und Norwegen werden die APA
bereits seit Jahren angewendet. Die Begriffe für diese Modelle variieren dabei
zwischen den Ländern, in denen sie entstanden sind (Dauner-Lieb, 2019, S. 340).
Seit 1990 findet in Australien das Project Alliancing (PA) Anwendung. 1990
wurde das Project Partnering (PP) in Großbritannien etabliert, im Jahr 2000 kam
dort der Project Partnering Contract (PPC) hinzu. In den USA wird seit 2003 das
Integrated Project Delivery (IPD) eingesetzt. Seit 2010 wird dieses Modell auch
in Kanada angewendet. Seit 2007 werden Bauprojekte in Finnland (Merikallio,
2018, S. 294) und seit 2015 in Norwegen in entsprechender Weise mittels Project
Alliancing realisiert (Aslesen et al., 2018, S. 327; vgl. Abb. 2.3).

Die APA unterscheiden sich im Detail voneinander (Warda, 2020, S. 33–34;
siehe hierzu ausführlich auch Breyer et al., 2020; Warda, 2020; Haghsheno et al.,
2022, S. 64).

Bezeichnung	Land	Jahr der Einführung
Project Partnering (PP)	Großbritannien	1990
Project Partnering Contract (PPC)	Großbritannien	2000
Project Alliancing (PA)	Australien / Finnland / Norwegen	1990 / 2009 / 2015
Integrated Project Delivery (IPD)	USA / Kanada	2003 / 2010
Integrierte Projektabwicklung (IPA)	Deutschland	2018

Abb. 2.3 Übersicht der Alternativen Projektabwicklungsmodelle (APA)

Umsetzung der IPA 3

3.1 Projektkultur und Management

Die Integrierte Projektabwicklung setzt auf eine Projektkultur aus verschiedenen Bestandteilen. Das Management etabliert und pflegt diese Kultur gemeinsam mit allen Beteiligten mithilfe von Verhaltensregeln (Warda, 2020, S. 96) mit dem Ziel, die Abwicklung, die Förderung von Innovationen und die Leistungen der Projektbeteiligten zu verbessern. Das Management ist so aufgebaut, dass von jeder Partei des Mehrparteienvertrags mindestens ein Beteiligter in der Managementebene vertreten ist. Auf diese Weise soll die Kommunikation schnell, effektiv, umfassend und ohne Wissensverluste erfolgen (Warda, 2020, S. 132).

3.1.1 Projektkultur

Das Projektteam setzt sich häufig sowohl interdisziplinär als auch interkulturell zusammen. Diese Heterogenität kann dazu führen, dass einzelne Mitglieder eines Teams unterschiedliche Wertevorstellungen haben. Damit sich ein gemeinsames Verständnis für das Projekt und das Team entwickelt, muss zunächst eine Projektkultur etabliert werden (Walker & Rowlinson, 2020, S. 199; Haghsheno et al., 2020, S. 87). Diese Projektkultur soll einen respektvollen, partnerschaftlichen Umgang fördern und eine konstruktive Herangehensweise bei Konflikten unterstützen („no blame" und „no guilt") (Breyer et al., 2020, S. 280–281). Alle Beteiligten arbeiten für das Projekt und miteinander. Diese Kultur wird auch in amerikanischen Musterverträgen für das deutsche Pendant der Integrated Project Delivery (IPD) adressiert (ConsensusDocs, 2016). Die Führungsebene soll diese Arbeitsweise vorleben (Goger & Reckerzügl, 2020, S. 228).

S. C. Becker und H. Roman-Müller, *Integrierte Projektabwicklung (IPA),* essentials, https://doi.org/10.1007/978-3-658-38254-4_3

Zu der Projektkultur bei der IPA zählen (Haghsheno et al., 2020, S. 87):

- Respekt,
- kein Vorwurf und keine Schuldzuweisung,
- das Beste für das Projekt erzielen wollen und
- transparentes und kollaboratives Arbeiten.

Respekt bedeutet: Alle Projektbeteiligten begegnen sich auf Augenhöhe. Jeder Mitarbeiter in einem IPA-Team ist den anderen gegenüber gleichgestellt und bringt seine eigenen nützlichen Fähigkeiten ein (Haghsheno et al., 2020, S. 87). Es soll ein klares Rollenverständnis für die Aufgaben im Team geschaffen und die Zusammenarbeit mittels Vertrauen gestärkt werden (Walker & Rowlinson, 2020, S. 211).

Kein Vorwurf und keine Schuldzuweisung („no blame" und „no guilt") ist ein weiterer Bestandteil der Projektkultur. Die Suche nach Fehlern und Verantwortlichen stellt in konventionellen Bauprojekten meistens ein großes Konfliktpotenzial dar, das häufig in Rechtsverfahren endet. Sie behindert eine offene Kommunikation und einen ehrlichen Umgang mit Fehlern. Aus diesem Grund wird eine konstruktive Fehlerkultur für das IPA-Projekt zugelassen (Haghsheno et al., 2019, S. 87). Fehler sind erlaubt, konstruktive Kritik erwünscht, da die Beteiligten aus diesem Verhalten lernen können und weitere Verbesserungen für das Projekt entstehen (Walker & Rowlinson, 2020, S. 207).

Alle Projektentscheidungen sollen nach dem Leitsatz „Das Beste für das Projekt" („best for project") getroffen werden. Das Projektergebnis zu optimieren, hat dabei die oberste Priorität (Walker & Rowlinson, 2020, S. 207), die Einzelinteressen sind in diesem Fall nachgeordnet (Goger & Reckerzügl, 2020, S. 227–228). Es sollen alle im Kollektiv für das Projekt agieren.

Die IPA erfordert ein hohes Maß an Transparenz und Kollaboration in Verbindung mit Vertrauen zwischen allen Projektbeteiligten (Fiedler, 2018, S. 297; Merikallio, 2018, S. 297). Transparenz führt zu einer Projektverbundenheit und damit zugleich zu einem höheren Maß an Vertrauen (Kröger & Fiedler, 2018, S. 431). Auch eine transparente Visualisierung von Produktionsabläufen stabilisiert die Ausführung und kann sogar durch das ergänzende Know-how anderer beschleunigt werden (Demir & Theis, 2018, S. 395).

Die Kollaboration soll einen Austausch von Fachwissen über eine offene Kommunikation (Walker & Rowlinson, 2020, S. 211) erreichen. Alle Teilnehmer arbeiten gemeinschaftlich zusammen, verfügen zu jedem Zeitpunkt über alle Informationen und verfolgen gemeinsam das Gesamtziel. Die Verwendung von BIM und Lean Construction fügt sich in die Prinzipien der IPA ein und gilt häufig als eine der Voraussetzungen bzw. Empfehlungen für die erfolgreiche Umsetzung der IPA (Haghsheno et al., 2022, S. 71). Diese werden weiter in Abschn. 3.5 erläutert.

3.1.2 Integrierte Aufbauorganisation

Die Aufbauorganisation bei der IPA wird für jedes Projekt individuell vereinbart. Diese findet häufig integriert und auf drei Managementebenen statt (University of Minnesota, 2016, S. 17–23). Nachfolgend wird die dreigeteilte Managementstruktur betrachtet, welche sich durch ihre flachen Hierarchien auszeichnet (vgl. Abb. 3.1). Dieses Management handelt nach den Prinzipien der zuvor beschriebenen Projektkultur.

Das Senior Management Team (SMT) setzt sich aus jeweils einer Führungskraft jeder Vertragspartei zusammen (obere oder mittlere Managementebene

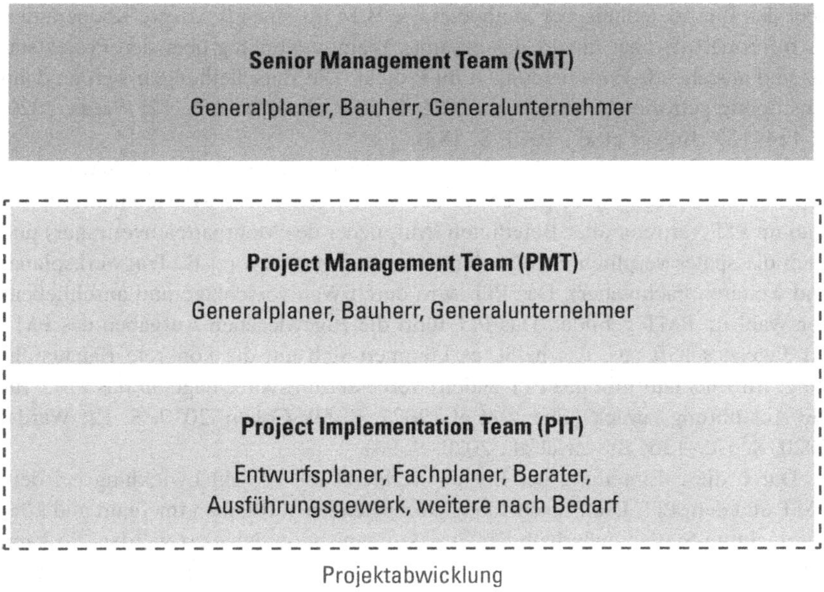

Senior Management Team (SMT)

Generalplaner, Bauherr, Generalunternehmer

Project Management Team (PMT)

Generalplaner, Bauherr, Generalunternehmer

Project Implementation Team (PIT)

Entwurfsplaner, Fachplaner, Berater,
Ausführungsgewerk, weitere nach Bedarf

Projektabwicklung

Abb. 3.1 Managementstruktur bei der IPA, vgl. Haghsheno, 2020, S. 23

des Unternehmens). Dabei hat jede der Führungskräfte den Mehrparteienvertrag unterschrieben. Das SMT unterstützt und berät alle Beteiligten. Außerdem wirkt es unterstützend bei Kernfragen zur Projektabwicklung. Zu den Aufgaben des SMT zählt die Durchführung von Vertragsverhandlungen, Fragen zur Änderung des Projektumfangs (z. B. bindende Anpassungen des Terminplans oder der Basis-Zielkosten oder bei notwendigen Änderungen zur Errichtung des Projekts), Entscheidungen treffen im Fall von Meinungsverschiedenheiten im Rahmen der Entscheidungsfindung des PMT. Der Bauherr kann auch mehr Stimmrechte als die anderen SMT-Mitglieder haben (Cheng et al., 2021, S. 51; Cohen, 2010, S. 12; Breyer et al., 2020, S. 182; Warda, 2020, S. 134).

Das Projekt Management Team (PMT) besteht aus fachlich versierten Vertretern der Kernbeteiligten (Mitglieder des Mehrparteienvertrags). Diese Vertreter sind in ihrem jeweiligen Unternehmen zuständig für Detailfragen und Entscheidungen für das Budget und den Terminplan. Die Aufgaben des PMT beziehen sich überwiegend auf das Tagesgeschäft bei der Projektabwicklung (z. B. Klärung bei Unklarheiten in der Planung, Störungen usw.), es überwacht die Einhaltung der Basis-Zielkosten und führt Entscheidungen des SMT aus. Zusätzlich berät es über den Einsatz technischer Methoden wie BIM für eine effektivere Kooperation. Es informiert darüber hinaus das gesamte Team regelmäßig über den Projektstatus und anstehende Entscheidungen im Projekt. Die Entscheidungen werden dann einstimmig getroffen (Cheng et al., 2021, S. 50; Cohen, 2010, S. 12; Warda, 2020, S. 134–135; Breyer et al., 2020, S. 182).

Das Projekt Implementation Team (PIT) ist für die konkrete Ausführung des Projekts zuständig. Im Vergleich zu den zuvor genannten Managementgruppen sind im PIT Vertreter aller Beteiligten (Mitglieder des Mehrparteienvertrages) und auch die später verpflichteten Nachunternehmer vertreten (z. B. Tragwerksplaner und weiterer Fachplaner). Das PIT wird durch Wahlvorschläge und anschließender Wahl im PMT gebildet. Das PIT führt die zugewiesenen Aufgaben des PMT im Tagesgeschäft aus, das heißt, es kümmert sich um die konkrete Bauausführung. Im Rücklauf gibt das PIT zudem Verbesserungsvorschläge an das PMT für die Ausführung zurück (Cheng et al., 2021, S. 50; Cohen, 2010, S. 12; Warda, 2020, S. 135–136; Breyer et al., 2020, S. 94).

Durch diese Einteilung der Ebenen verbleibt die Projektabwicklung bei dem PMT und dem PIT. Die Entscheidungskompetenzen verbleiben im Team und können nicht an Stellen außerhalb der Projektorganisation delegiert werden. So kann schneller und ressourcenschonender bei Konflikten und Entscheidungen gehandelt werden (Goger & Reckerzügl, 2020, S. 228).

3.2   Ermittlung von Kosten und Terminen

Vor allem bei Großprojekten ist es eine große Herausforderung, die Kosten und Termine realistisch zu ermitteln. Diese Projekte sind aufgrund ihrer Vielzahl an Schnittstellen, der langen Projektlaufzeiten und der Komplexität schwer kalkulierbar. Häufig bedingen sich Störungen gegenseitig, die durch einen fehlenden Informationsaustausch nicht schnell genug behoben werden können. Eine isolierte Betrachtung des Projekts führt daher häufig zu Kosten- und Terminüberschreitungen (Kron et al., 2017, S. 393). Trotz einer Vielzahl von Änderungen im Zuge eines Bauvorhabens kann durch die Anwendung transparenter Methoden, guter Kommunikation und sozialer Kompetenzen der handelnden Personen das Projektziel erreicht werden (Kron et al., 2017, S. 392). Das „open book" übernimmt hierbei eine zentrale Rolle bei der IPA. Dabei werden die Selbstkosten und Abrechnungen der Beteiligten offengelegt und von dem Bauherrn vergütet (Warda, 2020, S. 311). Eine besondere Herausforderung für den Bauherrn besteht darin, die Abrechnung auf Basis der „open book"–Regelung zu überprüfen. Hier kann sich der Bauherr auf die Unterstützung von Wirtschaftsprüfern oder Baukostensachverständigen verlassen.

Mehrparteienverträge sind mit den Regelungen zur Offenlegung der Kosten und Risiken stark an den Selbstkostenerstattungsvertrag angelehnt. Dieser wechselseitige Informationsaustausch über die jeweilige Kalkulation und die gemeinsame Buchhaltung für das Projekt führt zu einer erhöhten Transparenz.

Abb. 3.2 zeigt, dass die IPA bereits vor den Leistungsphasen der Honorarordnung für Architekten (HOAI) einsetzt (Philipp, 2019, S. 93). Daher kann zu einem frühen Zeitpunkt ein hohes Projektverständnis entstehen und Einfluss auf die Kosten genommen werden. Nachfolgend wird die Umsetzung der IPA beschrieben.

In der Vorbereitungsphase formuliert der Bauherr die Ziele und eine Erstbeschreibung des Projekts, anschließend werden die Budgetvorgaben ermittelt (Haghsheno et al., 2020, S. 85). Damit wird die Grundlage geschaffen für die anschließende Validierungsphase im Team. Im nächsten Schritt findet die Auswahl der Projektpartner im Vergabeverfahren statt. Dieser Wettbewerb erfolgt nicht nach dem Preiskriterium, da zu diesem Zeitpunkt der Leistungsinhalt noch nicht konkret feststeht und der Bauunternehmer keinen Projektpreis angeben kann (Boldt, 2019, S. 552). Das Vergabeverfahren wird vielmehr zu einem Kompetenzwettbewerb. Nachdem die Partner für die Gewerke ausgewählt wurden (Planer und Bauunternehmen), folgt die Ausarbeitung des Mehrparteienvertrags. Wird hier keine Einigung über die Konditionen (z. B. Selbstkostenerstattung) für die Entwicklungsphase erreicht, gibt es an dieser Stelle die erste Exit-Möglichkeit.

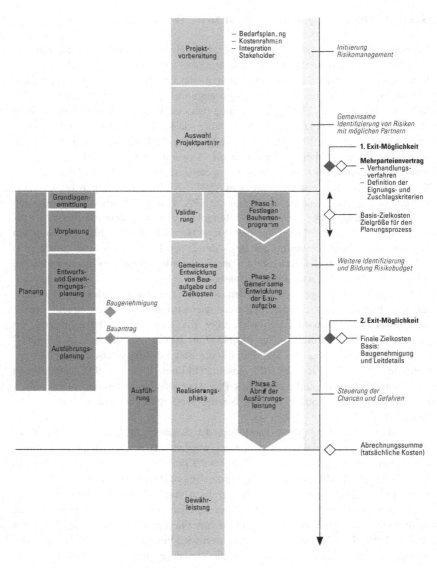

Abb. 3.2 Phasenablauf der IPA, vgl. Philipp, 2019, S. 92

Kommt es zu einem Einvernehmen, folgen drei Phasen, die als Early Contractor Involvment (ECI) bezeichnet werden. Für das ECI gibt es keine feste Definition (Karasek, 2021, S. 521). Es soll eine frühzeitige Implementierung des ausführenden Know-hows sichern (Paar, 2019, S. 636) und die Möglichkeit eröffnen, sich zu einem sehr frühen Zeitpunkt im Projekt auszutauschen, um spätere Planungs- und Ausführungsfehler zu reduzieren.

In Phase 1 wird mit allen Partnern eine Validierung durchgeführt (Philipp, 2019, S. 93). Zu diesem Zeitpunkt liegen lediglich die Projektbeschreibung und die Budgetvorgabe des Bauherrn vor (Lahdenperä, 2012, S. 73). Jetzt sollen die Realisierbarkeit des Projekts überprüft, Projektziele und Bedingungen des Projekterfolgs, auch Conditions of Satisfaction (CoS) genannt (Cheng et al., 2021, S. 76), mit den Budgetvorgaben des Bauherrn abgeglichen werden. Alle Beteiligten können in dieser Phase ihr Know-how einbringen und die bearbeiteten Inhalte optimieren. Primäres Ziel ist es, ein gemeinsames Projektverständnis, eine Grundlage für die Basis-Zielkosten und für die Terminplanung zu schaffen. Am Ende müssen die ermittelten Kosten und die Terminplanung mit den Zielen des Bauherrn übereinstimmen (Haghsheno et al., 2020, S. 86). Die Ermittlung von Kosten und Terminen erfolgt nicht auf der Grundlage einer fertigen Planung, es wird kein komplettes architektonisches Konzept erarbeitet. Stattdessen dienen eher Projektskizzen dazu, Kriterien der Umsetzbarkeit und der Durchführbarkeit zu veranschaulichen; es können also noch Änderungen vorgenommen werden (Heidemann, 2011, S. 66–67). Ergebnis dieses Prozesses der ersten Phase ist das sogenannte Festlegen des Bauherrenprogramms. Am Ende dieser Phase (rund 8 bis 12 Monate je nach Projekt) soll feststehen, ob eine gemeinsame Willenserklärung für die Basis-Zielkosten (für Kosten und Termine) vorliegt.

Werden die Vorgaben des Bauherrn erreicht, startet Phase 2, in der eine gemeinsame Entwicklung von Bauaufgabe und Zielkosten erfolgt. Es wird das geplant, was die Partner zu welchem Zeitpunkt und in welcher Art und Weise benötigen (Philipp, 2019, S. 93–94). Hier unterstützen auch die ausführenden Unternehmen das Team und bringen ihre Bauexpertise in die Planung mit ein. Am Ende von Phase 2 werden die finalen Zielkosten ermittelt. Sie lösen die Basis-Zielkosten nicht als Grundlage für die Vergütung ab. Sie sind lediglich ein Meilenstein für die Frage, ob die Basis-Zielkosten und der Terminplan eingehalten werden können. Bei einem IPA-Projekt startet dann die Genehmigungsplanung und die Bauantragsstellung (Philipp, 2019, S. 93). Sollten die finalen Zielkosten und die Termine überschritten werden, kann von der zweiten Exit-Möglichkeit Gebrauch gemacht werden.

In Phase 3, in der die Ausführungsleistungen abgerufen werden, erhalten Planung und Kostenermittlung einen höheren Detailgrad. Ein mögliches Instrument, um das Projektverständnis weiter zu erhöhen und die Zielkosten zu validieren, ist das Target Value Design (Haghsheno et al., 2020, S. 86). Hier werden integrativ über das Projekt in iterativen Schritten die Werte und Zielkosten des Projekts identifiziert (vgl. Abschn. 3.5.3). Phase 3 ist die Realisierungsphase (Philipp, 2019, S. 94). Sie verläuft ähnlich wie bei konventionellen Projektabwicklungs-modellen. Hier wird jedoch weiterhin integrativ gearbeitet und gemeinsam nach dem Prinzip „best for project" gehandelt. Am Ende von Phase 3 stehen nach der Abnahme die tatsächlichen Kosten als Abrechnungssumme fest und damit beginnt die Zeit der Gewährleistung.

Abb. 3.3 zeigt, wie sich Kosten und Leistung sowie die Einwirkung auf Kosten von Änderungen im Projektverlauf beeinflussen und stellt den Effekt konventioneller und integrierter Projektabwicklungsmodelle gegenüber. Auf der horizontalen Achse sind die Projektphasen der IPA aufgeführt. Kurve 1 zeigt den möglichen Einfluss auf die Kosten und Leistungen. Anhand dieser Kurve lässt

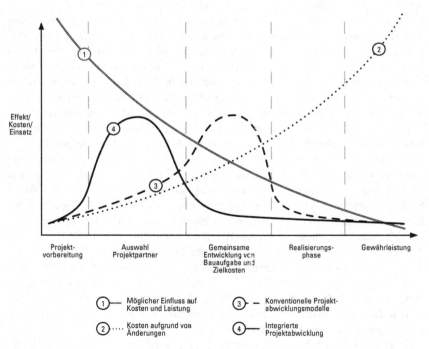

Abb. 3.3 Verschieben des Know-hows bei der IPA, vgl. Ilozor und Kelly, 2012, S. 30

sich erkennen, dass der Einfluss im weiteren Projektverlauf abnimmt, wohingegen die Kosten von Änderungen (Kurve 2) mit fortschreitendem Projekt zunehmen. Konventionelle Projektabwicklungsmodelle – dargestellt in Kurve 3 – zeigen, dass durch die späte Integration aller Projektbeteiligten erst zu einem späten Projektzeitpunkt ein gemeinsames Verständnis für das Projekt entstehen kann. Dies führt dazu, dass der Einfluss auf die Kosten und Leistungen nicht in dem Maße möglich ist wie bei der Integrierten Projektabwicklung mit ihrer frühen Einbeziehung aller Beteiligten.

3.3 Risikomanagement gemeinsam durchführen

Um alle Chancen und Risiken für ein Projekt zu erkennen, erfolgt ein gemeinsames Risikomanagement. Dabei können unterstützend die DIN ISO 31000 (Risikomanagement-Leitlinien) und die DIN ISO 31010 (Risikomanagement-Verfahren zur Risikobeurteilung) herangezogen werden. Bei der IPA findet keine Zuweisung von Schuld für eine Fehlentwicklung statt (vgl. Abschn. 3.1.1). Es werden mögliche Chancen und Risiken in das Budget aufgenommen und eingepreist. Diese Voraussetzung fördert ein gemeinsam getragenes und verantwortetes Risikomanagement (Thomsen et al., 2009, S. 33). Vor Baubeginn werden Risiken zunächst gemeinsam aufgedeckt und im Rahmen von Risiko-Workshops bewertet. Bei dem Eintritt eines Risikos wurde bereits zuvor abgestimmt, welcher Beteiligte welche Abhilfemaßnahme beim Eintritt des jeweiligen Risikos veranlasst. Die Risiken werden entsprechend der Fähigkeiten der Beteiligten demjenigen zugewiesen, welcher diese am besten bewältigen kann (Warda, 2020, S. 147). Bei gewissen Einzelrisiken kann der Bauherr entscheiden, diese nicht zu Beginn in die Bearbeitung durch das Team zu übermitteln, wenn aufgrund des frühen Zeitpunkts und der hohen Ungewissheit eine realistische Risikobewertung noch nicht möglich ist. Die Konsequenz wären eine erhöhte Bewertung des Risikos und somit erhebliche Risikozuschläge in den Basis-Zielkosten (Haghsheno et al., 2020, S. 90). Der Risikomanagementprozess kann projektspezifisch gestaltet werden. In jedem Fall sollte eine Risikobeurteilung stattfinden, indem die Risiken identifiziert, analysiert und bewertet werden. Im weiteren Verlauf sollten sich alle Projektbeteiligten mit der Vermeidung, Beseitigung und Veränderung der Eintrittswahrscheinlichkeit sowie der Akzeptanz von Risiken auseinandersetzen (Hofstadler & Kummer, 2017, S. 111–112).

Für die Chancen und Risiken wird ein sogenannter Chancen- und Risikopool
(CRP) gebildet. Darin werden alle erkannten bzw. akzeptierten Risiken berücksichtigt. Lediglich für die Regelung nicht vorhersehbarer Risiken, zum Beispiel
bei höherer Gewalt, sollte die übliche Risikoallokation bestehen bleiben.

Abb. 3.4 stellt einen solchen Managementprozess für mögliche Risiken dar.
In der Phase der Projektvorbereitung sollte der Bauherr bereits ein Risikoregister erstellen. Hierbei können ihn Berater für Risikomanagement im Bauwesen

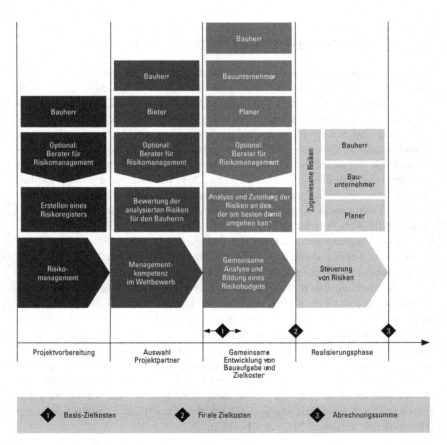

Abb. 3.4 Beispielhafter Risikomanagementprozess bei IPA-Projekten, vgl. Schwerdtner,
2019, S. 6

unterstützen. Zu diesem frühen Zeitpunkt sollte sich der Bauherr bereits Gedanken über mögliche Maßnahmen machen, wie Risiken eliminiert, miniert oder versichert werden können. In der Phase der Auswahl der Partner können auch die möglichen Bieter ein entsprechendes Risikoregister erstellen oder ggf. das Bestehende fortschreiben, zum Beispiel in Workshops, im Brainstorming oder mithilfe der Delphi-Methode (Hofstadler & Kummer, 2017, S. 130). Aufgrund der gemeinsamen Erarbeitung von Chancen und Risiken können alle Beteiligten zu einem frühen Zeitpunkt ihre Teamfähigkeit unter Beweis stellen. Mit jeder weiteren Projektphase nimmt zugleich die Kenntnis über Chancen und Risiken zu. In der gemeinsamen Entwicklung von Bauaufgabe und Zielkosten werden alle Risiken in das Risikobudget aufgenommen und demjenigen zugewiesen, der am besten damit umgehen kann.

3.4 Neue Vergütungsmethode

Wie bereits in Abschn. 3.2 erläutert werden die Kosten gemeinschaftlich ermittelt und nach den Prinzipen des „open book" transparent ermittelt und kontrolliert. Die Ermittlung der Basis-Zielkosten stellt hierbei einen Meilenstein in IPA-Projekten dar. Sie geben die Zielgröße für den Planungsprozess vor und werden im Einvernehmen mit allen Projektbeteiligten vereinbart. Der Vertrag in einem IPA-Projekt sieht vor, alle tatsächlichen Kosten zu vergüten. Werden die zuvor kalkulierten Basis-Zielkosten unterschritten, erhält der Auftragnehmer zu seinem kalkulierten Gewinn noch einen zusätzlichen Bonus. Bei einer Überschreitung erhält er jedoch nur die direkten Kosten vergütet. In der Regel gibt es je nach Modell mehrere Stufen der Vergütung, die vertraglich vereinbart werden.

Für die Vergütung in der IPA lassen sich drei Grundsätze identifizieren (Ashcraft, 2010, S. 20), aus denen sich jeweils die Stufe der Vergütung ableitet:

1. Es erfolgt eine faire Vergütung für den individuellen Aufwand.
2. Alle Beteiligte handeln im Sinne des Projekts.
3. Die Deckung der Mehrkosten erfolgt über die Vergütungsbestandteile.

In Stufe 1 werden die direkten Kosten vergütet (faire Vergütung für den individuellen Aufwand). Dabei handelt es sich um Kosten, die den Beteiligten für ihre Leistungen zustehen. Darin enthalten sind: Einzelkosten der Teilleistungen (EKT), Baustellengemeinkosten (BGK) und allgemeine Geschäftskosten (AGK) (Ashcraft, 2010, S. 20) sowie auch die Fremdkosten, die zum Beispiel durch Nachunternehmer entstehen.

Stufe 2 (Beteiligte handeln im Sinne des Projekts) besteht aus dem Chancen-
und Risikopool (CRP). Wie in Abschn. 3.3 beschrieben werden die Chancen und
Risiken gemeinsam identifiziert und in die Kalkulation aufgenommen. In Stufe
2 wird zudem geregelt, unter welchen Umständen ein Gewinn oder sogar ein
eventueller Bonus gezahlt wird (Cleves et al., 2016, S. 21–22).

Stufe 3 (Deckung der Mehrkosten über die Vergütungsbestandteile) dient zur
Dämpfung von Kostenüberschreitungen. Im Falle des Verfehlens der Projektziele,
das bedeutet eine Überschreitung der Basis-Zielkosten, werden der Gewinn und
der CRP durch die Mehrkosten aufgebraucht (Cleves et al., 2016, S. 16). In
diesem Fall wird der Bauherr nur noch die direkten Kosten erstatten und keinen
Gewinn oder Bonus mehr für die Beteiligten ausschütten (Haghsheno et al., 2019,
S. 89).

3.4.1 Beispiel eines Vergütungsmodells

Ein mögliches Vergütungsmodell der IPA ist in Abb. 3.5 dargestellt. Fall 1 zeigt
die Bestandteile der direkten Kosten, sowohl den CRP als auch den Gewinn. Dies

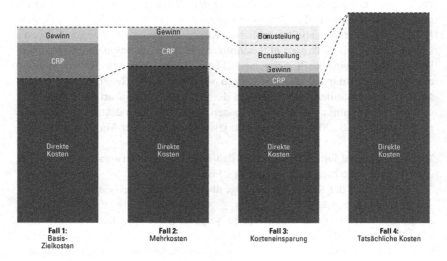

Abb. 3.5 Vergütungsstufen in der IPA, vgl. Philipp, 2019, S. 90

sind die vereinbarten Basis-Zielkosten. Fall 2 zeigt die Überschreitung der direkten Kosten. Bei einer Überschreitung der direkten Kosten werden diese bezahlt und der Gewinn entsprechend der Mehrkosten (Cleves et al., 2016, S. 16) einbehalten (Ashcraft, 2010, S. 21–27). Durch die Folgen bei einer Überschreitung der Basis-Zielkosten und den Verlust des Gewinns besteht ein Anreiz für die Beteiligten, dieses Szenario zu vermeiden. Denn eine Kostenerhöhung führt zu einer Minderung des Gewinns aller. Bei Fall 3 liegen die direkten Kosten unter den vereinbarten Basis-Zielkosten. Dann wird aus dem CRP ein Bonus an alle ausgeschüttet. Wie der Gewinn aufgeteilt wird, ist vertraglich festgelegt. Die Aufteilung kann variieren. Dabei können zum Beispiel 50 % dem Bauherrn zugeschrieben werden und 50 % den anderen Beteiligten am Mehrparteienvertrag. Hier sind auch die Anteile der Gewerke geregelt. In Fall 4 wird die dritte Stufe der Vergütung erreicht. Dieser Umstand tritt dann ein, wenn das Projektziel, zum Beispiel die Einhaltung der Basis-Zielkosten, nicht erreicht wird. Bei der Verfehlung der Ziele ist der Chancen- und Risikopool und der Gewinn durch die entstandenen Mehrkosten aufgebraucht. Der Bauherr wird im Weiteren nur noch die direkten Kosten aller Beteiligten tragen (Haghsheno et al., 2020, S. 89). Es liegt also ein noch stärkerer Anreiz für die Beteiligten vor, das Szenario, gar keinen Gewinn zu erzielen, zu vermeiden.

Die Beteiligten werden fair und nach Aufwand entlohnt, sie sind finanziell am Erfolg oder Misserfolg des Projekts beteiligt (Haghsheno et al., 2022, S. 70–71).

3.4.2 Exkurs: Anreizmechanismus

In IPA-Verträgen werden Anreize für die Umsetzung von Bauherrenzielen in den Bereichen Kosten, Bauzeit, Qualität und Nutzerzufriedenheit vereinbart. Auch Bonuszahlungen können Teil des Anreizsystems sein (Breyer et al., 2020, S. 285; Cheng et al., 2020, S. 14). Insbesondere weiche Faktoren wie die Nutzerzufriedenheit sollten regelmäßig bewertet werden. Sie ist abhängig von der Erreichung sogenannter Key Performance Indicators (KPI) und damit von der Einhaltung der Termine, des Budgets und weiterer Variablen, welche die Beteiligten festlegen (Warda, 2020, S. 313), zum Beispiel Qualität, Arbeitssicherheit und Planung (Schlabach, 2018, S. 363–365). Bei positivem Ergebnis können bereits während des Projekts Bonuszahlungen erfolgen.

3.5   Unterstützende Methoden

Die IPA setzt auf ein hohes Maß an kollaborativer Zusammenarbeit. Um sie aktiv
zu fördern, kommen unterstützende Methoden zum Einsatz. Zur Umsetzung dafür
stehen das Building Information Modelling (BIM), Lean Construction und Target
Value Design (TVD) zur Verfügung. Um die Kollaboration auch auf der Baustelle
zu fördern, werden Arbeitsräume zur Verfügung gestellt (Co-Location und Big
Room).

3.5.1 Building Information Modelling (BIM)

Das Building Information Modelling (BIM) ist ein modellbasiertes Informations-
management für die digitale Planung, Ausführung, Nutzung und Instandhaltung
bei Bauprojekten (Frahm & Rahebi, 2021, S. 152). Es dient zur Erfassung
des kompletten Lebenszyklus eines Gebäudes. Im Projektverlauf können mittels
BIM auch modellgestützte Bauabläufe, Kollisionsprüfungen oder Visualisierun-
gen definiert werden. Um die Kollaboration weiter zu steigern, ist die zentrale
Plattform Common Data Environment (CDE) für den Informationsaustausch
notwendig, wo alle Informationen für das Bauvorhaben abgelegt werden. Die
Anwendung ist meistens webbasiert, daher ist ein Zugriff immer und von allen
Orten aus möglich (Frahm & Rahebi, 2021, S. 153). Aufgrund dieses schnellen
Informationsaustauschs, die ständige Verfügbarkeit und das Zusammenarbeiten aller Fachdisziplinen können Komplikationen schneller gelöst werden. BIM
fördert damit die aktive Zusammenarbeit von allen Beteiligten.

3.5.2 Lean Construction

Der Grundgedanke von Lean Construction ist die Implementierung einer schlan-
ken Planung bereits in der Phase der Projektentstehung, um später ohne
Verschwendung und ressourceneffizient zu arbeiten (Bertagnolli, 2020, S. 244).
Zu diesem Leistungserstellungsprozess gehört unter anderem eine kulturelle
Dimension: Die Mitarbeiter sollen durch die Verbesserung von Prozessen Ver-
schwendungen jeglicher Art wie zum Beispiel Kapazitäten oder Materialien
vermeiden. Das bedeutet zugleich, dass die Teammitglieder zusammenarbeiten
und sich mit Respekt und Wertschätzung begegnen (Breyer et al., 2020, S. 270).

3.5.3 Target Value Design (TVD)

Das Target Value Design (TVD) ist eine Methode, die dem Bereich der Lean Construction zugeordnet wird. Als primäres Ziel dient das TVD dazu, die Werte für ein Bauvorhaben, zum Beispiel Behaglichkeit (Festlegung von Temperaturen), Tageslicht (Definition von Tageslichtqualitäten) oder Lebenszykluskosten (Nachhaltigkeit), für ein neues Verwaltungsgebäude zu verbessern und die Kosten zu stabilisieren. Das TVD findet in der Vorbereitungsphase (vgl. Abb. 3.2) seine Anwendung. Dabei erarbeitet der Bauherr mit allen Beteiligten die Werte und Ziele für sein Projekt. Es handelt sich um einen iterativen Prozess, der durch das gesamte Projekt führt, um immer wieder überprüfen zu können, ob der gewünschte Wert erreicht ist und die Kosten eingehalten werden. Die TVD-Methode zielt darauf ab, auf ein Budget hin zu planen, anstelle eine Planung zu budgetieren (Cheng et al., 2021, S. 76).

3.5.4 Co-Location und Big Room

Eine Co-Location ist ein Quartier, ein Ort, in dem alle Projektbeteiligten des Bauvorhabens planen und arbeiten. Dieser Ort befindet sich in der Regel in der Nähe des Bauvorhabens, um Wege und die Kommunikation zu verkürzen (Fischer et al., 2017, S. 44). Hier können sich alle Teammitglieder jederzeit schnell austauschen, um immer auf dem aktuellen Stand der Dinge zu sein. Diese Co-Location kann zum Beispiel eine Containerburg sein. Ein zusätzlicher Bestandteil einer Co-Location ist ein sogenannter Big Room. In diesem arbeiten alle Projektbeteiligten am gleichen Ort zur gleichen Zeit. Bei Fragen können alle in den Big Room gehen und sich dort innerhalb kurzer Zeit austauschen. Die Teilnehmer agieren hier in Workshops und verzichten auf konventionelle Besprechungen (Merikallio, 2018, S. 304).

Der IPA-Mehrparteienvertrag 4

4.1 Die Zusammenarbeit neu regeln

Ein Mehrparteienvertrag ist ein Vertrag zwischen mindestens drei Beteiligten: Bauherr, Planer und Generalunternehmer (Dauner-Lieb, 2019, S. 339). Damit sind alle Bau- und Planungsbeteiligten durch ein einheitliches Vertragswerk miteinander verbunden (Ritter, 2017, S. 81). Darüber hinaus können weitere Projektbeteiligte wie Fachplaner, spezialisierte Ausbaugewerke, Nachunternehmer oder unabhängige Berater in den Vertrag einbezogen werden. Verstanden werden hier diejenigen Gewerke, die in ihrer Gesamtheit rund 70 bis 80 % der Projektkosten ausmachen (Planung und Bau) oder die besonders kritisch in Bezug auf die Baumaßnahme in Hinblick auf Kosten und Termine sind (Cheng et al., 2020, S. 32). Laut einer Untersuchung der Universität von Minnesota kann bei 10 erfolgreichen IPD-Projekten in Nordamerika mit einem Bauvolumen zwischen ca. 8,7 und ca. 175 Mio. US-Dollar die Zahl der IPA-Parteien auch 7 und mehr umfassen, nach Breyer et al. bis zu maximal 12 Parteien (Breyer et al., 2021, S. 1021) bzw. sogar bis zu 13 Parteien (University of Minnesota, 2016, S. 17).

Wesentliches Kennzeichen eines Mehrparteienvertrags ist die frühzeitige Einbindung der maßgeblichen Projektbeteiligten und die Schaffung von vertraglichen Anreiz- und Organisationstrukturen, die auf den Projekterfolg ausgerichtet sind.

Der Mehrparteienvertrag tritt an die Stelle bilateraler Verträge für Planungs- und Bauleistungen. Hierbei kann der Zeitpunkt des Beitritts zum Mehrparteienvertrag je nach Erfordernis und Expertise auch variieren (Breyer et al., 2020, S. 163). Die wichtigsten Ausbaugewerke werden zu einem sehr frühen Projektzeitpunkt involviert, teilweise in einem Stadium, in dem der Bauherr lediglich das Bauherrenprogramm, das heißt seine Projektanforderungen, die finanziellen und zeitlichen Rahmenbedingungen sowie ggf. Chancen und Risiken definiert hat

S. C. Becker und H. Roman-Müller, *Integrierte Projektabwicklung (IPA)*, essentials, https://doi.org/10.1007/978-3-658-38254-4_4

(Cheng et al., 2021, S. 28). Idealerweise sollte der Mehrparteienvertrag gedanklich vor Beginn der Leistungsphase 2 der HOAI, spätestens jedoch mit Beginn der Leistungsphase 3 geschlossen werden (Breyer et al., 2020, S. 166) (vgl. Abb. 3.2). Alternativ dazu können auch aufeinander abgestimmte Standardverträge mit Allgemeinen Vertragsbedingungen für IPD, die ebenfalls von den wesentlichen Projektbeteiligten unterschrieben werden und die Rahmenbedingungen enthält, oder eine Projektgesellschaft mit den Projektbeteiligten als Gesellschafter für die Umsetzung von IPD in Projekten verwendet werden (Eschenbruch, 2019, S. 521). Diese beiden Varianten werden hier nicht weiterverfolgt, da sie nicht dieselbe Wirkung entfalten wie der IPA-Mehrparteienvertrag bzw. vertragsrechtlich ungelöste Fragen aufwerfen, zum Beispiel, ob eine BGB-Gesellschaft hier zulässig ist (Dauner-Lieb, 2019, S. 341). Gleiches gilt für den sogenannten gemischten „gesellschaftsähnlichen" Vertrag (Warda, 2020, S. 313).

Ein Mehrparteienvertrag kann auftretende Konflikte, Einzelinteressen oder Informationsungleichgewichte in der Projektabwicklung reduzieren. Dies wird bei näherer Betrachtung der beiden Pole im Spektrum vertraglicher Beziehungen, also transaktionaler und relationaler Verträge, deutlich (Budau et al., 2018, S. 78).

4.1.1 Transaktionale Verträge

In der konventionellen Projektabwicklung überwiegen sogenannte transaktionale Verträge: Austausch von Leistung oder Waren gegen Geld, eine klassische Form des Vertragsabschlusses. Das Austauschobjekt muss bei Vertragsabschluss ex ante genau definiert werden, damit es auch ex post von Dritten überprüft werden kann (Schwab, 2019, S. 322). Ein einfaches Beispiel für einen Warenkauf ist der Erwerb eines Fernsehgeräts oder Autos. Der Gegenstand des Austauschs ist klar und eindeutig definiert, die Methode des Austauschs ist einfach, unkompliziert und von endlicher vorhersehbarer Dauer (Miles & Ballard, 1997, S. 103).

Übertragen auf die Welt des Bauwesens schuldet jede Partei die versprochene und zu Vertragsbeginn im Sinne der Rechtssicherheit klar definierte Leistung (Warda, 2020, S. 39). Diese besteht für den Auftraggeber in der Vergütung der vom Auftragnehmer erbrachten Leistung. Der Aufragnehmer schuldet die – in der Theorie – klar definierte Bauleistung. Bei konventionellen Bauprojekten funktioniert das in der Regel, dennoch führen Soll-Ist-Abweichungen von Bauinhalten und Bauzeiten regelmäßig zu Konflikten, die das Verhältnis zwischen den Projektbeteiligten belasten und den wirtschaftlichen Erfolg des Projekts gefährden (Knopp, 2020, S. 22), da vorrangig Einzelinteressen verfolgt werden.

Problematisch wird es bei der Abwicklung von großvolumigen Bauverträgen, die häufig besonders störanfällig sind. Die Vertragsparteien binden sich für die Realisierung des Bauprojekts für einen langen Zeitraum aneinander. Dafür müssen sie sich auf einen vertraglich festgelegten Preis verständigen. Dies geschieht zu einem Zeitpunkt, an dem sie selbst bei einer bestmöglichen Vorbereitung nicht zuverlässig absehen können, welchen Aufwand zur Realisierung sie am Ende tatsächlich erbringen müssen (Leupertz, 2016, S. 1546). Zudem fehlt es häufig an einer klaren und eindeutigen Definition der Bauleistung, da erst baubegleitend geplant wird und während der Ausführung vielfache Änderungen vorgenommen werden. Daher weisen transaktionale Verträge zwangsläufig vor allem bei langen Projektlaufzeiten Lücken auf und verschärfen somit Probleme der Ungewissheit hinsichtlich der Projektdauer, der Planungs- und Realisierungsmöglichkeit wie auch der Risikoallokation (Warda, 2020, S. 41). Eine Anpassung der geschuldeten Leistung aufgrund eines geänderten Bau-Solls und/oder geänderter Bauumstände ist nur noch über nachträgliche Vertragsanpassungen möglich, anders als beim relationalen Vertrag. Um auf diese Variabilität zu reagieren, verfügt der transaktionale Vertrag mit mehr oder weniger starren Regelungen nicht über geeignete Instrumente.

4.1.2 Relationale Verträge

Ein gutes Beispiel für einen relationalen Vertrag (als alternative Form des Vertragsabschlusses) ist die Ehe als förmliche Verbindung zwischen zwei Personen oder der Arbeitsvertrag zwischen Arbeitnehmer und Arbeitgeber. Er steht dem transaktionalen Vertrag diametral gegenüber; die Ziele sind viel unklarer und die Ergebnisse ungewiss, die Dauer der Verträge ist unbestimmt. Ungeachtet bester Absichten der Ehepartner oder im Laufe eines langen Arbeitsverhältnisses können sich die „Regeln" während der Laufzeit der Verträge ändern (Miles & Ballard, 1997, S. 103).

Während der transaktionale Vertrag auf dem Prinzip des schlichten Austauschs beruht, liegt der Fokus eines relationalen Vertrags auf den Strukturen und Prozessen der Beziehung. Der relationale Vertrag hat nicht die Absicht, alle unvorhergesehenen Ereignisse (vertraglich) zu antizipieren und zu regeln. Diese Vertragsform beschäftigt sich damit, wie im Einzelfall ein Problem, eine geänderte Leistung, veränderte Projektumstände oder unvorhergesehene Ereignisse angepasst und neu gestaltet werden können. Ein relationaler Vertrag ermöglicht es den Parteien, ihr detailliertes Wissen in verschiedenen Situationen zu nutzen und neue Informationen zu dem Zeitpunkt zu berücksichtigen, zu dem sie verfügbar sind (Heidemann, 2011, S. 54).

Der relationale Vertrag eröffnet Handlungs- und Entscheidungsspielräume während der Planung und der Bauausführung (vgl. Abb. 4.1). Statt (teilweise unkalkulierbare) Risiken an die Auftragnehmer zu übertragen, zielt der relationale Vertrag darauf ab, Risiken sachgerecht zu verteilen bzw. vorhandene Risiken gemeinsam im Team zu tragen (Heidemann, 2011, S. 56).

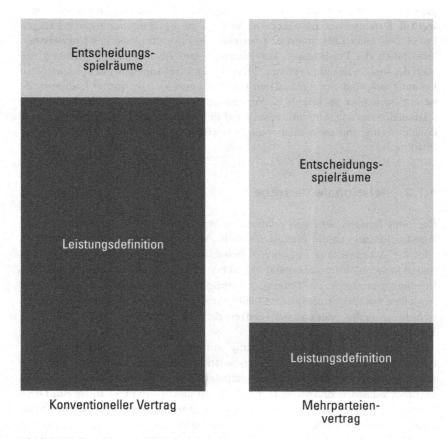

Abb. 4.1 Entscheidungsspielräume (konventioneller Vertrag vs. Mehrparteienvertrag), vgl. Rodde und Schulz, 2021, S. 7

4.2   Fünf Elemente für ein gemeinsames Handeln

Bei einem relationalen Vertrag stehen demnach nicht die Vertragsbedingungen im Vordergrund, sondern die Beziehung zwischen den Parteien. Ziel ist es, die Arbeitsbeziehungen zwischen allen Projektbeteiligten zu verbessern, einen effizienten und effektiven Bau zu fördern, die finanziellen Erträge zu steigern und das Auftreten von Konflikten zu minimieren und deren Lösung zu erleichtern (Colledge, 2015, S. 31). Im Gegensatz zur Änderung des ganzen Vertrags sollen es auf Vertrauen, Partnerschaft und gegenseitige Information ausgerichtete Mechanismen ermöglichen, schnell und unkompliziert nur den Leistungsinhalt selbst an veränderte Umstände anzupassen (Warda, 2020, S. 43).

Der Mehrparteienvertrag ist daher im weiteren Sinne eine „Bedienungsanleitung" für IPA-Projekte. Er liefert die „Spielregeln" für das Projekt mit dem Fokus auf die folgenden Elemente und Regelungsinhalte:

1. Das Einstimmigkeitsprinzip stellt sicher, dass alle Interessen gewahrt bleiben und alle Projektteilnehmer so lange die beste Lösung suchen, bis sie für das Projekt gefunden ist.
2. Die im Mehrparteienvertrag festgeschriebene aktive Konfliktprävention (Streitbeilegung und Konfliktlösungsmechanismen) regelt Konflikte lösungsorientiert, gemeinschaftlich und auf Augenhöhe.
3. Der weitgehende Haftungsverzicht für Planungsmängel ermöglicht eine offene Fehlerkultur.
4. Das Risikomanagement und die Risikoverteilung stellen sicher, dass nicht kalkulierbare Schwierigkeiten und Fehler nicht von einzelnen Beteiligten getragen werden.
5. Das Vergütungsmodell sorgt dafür, dass alle Beteiligten denselben Anreiz haben, um wirtschaftlich zu arbeiten und gleichzeitig den Projekterfolg zu fördern.

4.3   Verhandlung des Mehrparteienvertrags

Jedes Bauprojekt hat einen Unikatcharakter. Daher ergeben sich für jedes Bauvorhaben neue Zielvorstellungen, neue Projektorganisationen mit unterschiedlichen Beteiligten und Anforderungen an das Bauwerk. Um diesen Individualitäten gerecht zu werden, ist ein auf das Projekt zugeschnittener Mehrparteienvertrag unverzichtbar.

4.3.1 Private Auftraggeber und der Mehrparteienvertrag

Martin Fischer et al. empfehlen zum Beispiel, den Vertragsinhalt einer integrierten Projektabwicklung zwischen den Vertragsparteien gemeinsam zu verhandeln. Nach dem Prinzip „deal first, contract second" sollen zunächst die Projektziele und -anforderungen sowie wesentliche Inhalte des Vertrags definiert und dann erst in einen schriftlichen Vertrag überführt werden. In jedem Fall empfehlen sie, keinen Standardbauvertrag oder IPD-Vertrag eines Vorgängerprojekts zu verwenden. Der Vertrag sollte immer individuell auf die Projektbelange zugeschnitten werden (Fischer et al., 2017, S. 367). Dieser Ansatz ist für private Bauherren im Prinzip geeignet und ganz im Sinne eines kollaborativen interaktiven IPA-Ansatzes. Bauherr, Architekt und Generalunternehmer entwickeln und verhandeln gemeinsam den Vertrag und tragen als gleichberechtigte Partner dieselben Bedingungen mit (Lentzler, 2019, S. 185). Gleichwohl werden sich im Sinne von Standards gewisse Grundstrukturen und Regelungsmechanismen herausbilden, die regelmäßig Anwendung finden können, ohne stets neu entwickelt werden zu müssen.

4.3.2 Der Mehrparteienvertrag bei öffentlichen Vergaben

Bei öffentlichen Vergaben, selbst in Verhandlungsverfahren, lässt sich der Ansatz „deal first, contract second" nur schwer durchsetzen, vor allem dann nicht, wenn die Auswahl der Beteiligten wiederum in Einzelvergaben erfolgt (siehe Abschn. 5.3.1). Bei öffentlichen Vergaben wird der Vertrag in der Regel im Entwurf vorliegen und zur Vergleichbarkeit der Angebote und Gleichbehandlung aller Bieter nur geringfügige Vertragsanpassungen im Verhandlungsverfahren zulassen. Aufgrund des in Abschn. 3.2 beschriebenen mehrphasigen Ablaufs (Entwicklung und Planung der Bauaufgabe bzw. der Zielkosten und Realisierungsphase) reagiert der Mehrparteienvertrag entsprechend. Das heißt, es wird nur Phase 1 (Festlegen des Bauherrnprogramms) beauftragt und die Parteien entwickeln die Planung bis zu einem festgelegten Stand so weit, dass Zielkosten und Zieltermine mit hinreichender Genauigkeit ermittelt werden können und auch von allen Parteien mitgetragen werden. Gelingt dies nicht, besteht die Möglichkeit des Auftraggebers, den Vertrag aufzulösen (Exit-Option) und das Projekt in konventioneller Weise fortzuführen. Dabei steht den Parteien eine Vergütung für die bis dahin erbrachten Leistungen unabhängig davon zu, ob sie in Phase 2 (gemeinsame Entwicklung der Bauaufgabe) des Projekts mit der Bauausführung

beauftragt werden. Die optional beauftragte Phase 3 beginnt mit dem entsprechenden Abruf aller erforderlichen Planungs- und Bauleistungen zur Errichtung des
Bauwerks und endet mit der Abnahme. Das bedeutet auch, dass die Parteien eines
Mehrparteienvertrags sich bewusst schon zu einem Zeitpunkt aneinander binden,
an dem der spätere werkvertragliche Bauerfolg noch nicht feststeht (Leupertz,
2016, S. 1553).

4.4   Weitgehender gegenseitiger Haftungsverzicht

Die Parteien vereinbaren in einem Mehrparteienvertrag untereinander einen
weitgehenden Haftungsverzicht – mit Ausnahme grober Fahrlässigkeit und Vor-
satz – für alle Leistungen, die im Rahmen der Planungsphase (gemeinsame
Entwicklung von Bauaufgabe und Zielkosten) erbracht werden (Degen, 2020,
S. 3). Der Haftungsverzicht erstreckt sich auf alle bis zu diesem Zeitpunkt
erbrachten Planungsleistungen und schließt jedes Mitglied des Planungsteams,
also auch ausführende Unternehmen, mit ein (DGBT, 2021, S. 52). Das gilt
genauso für mögliche Haftungsrisiken aufgrund von Kosten- und Terminüberschreitungen. Ein Haftungsverzicht kommt allerdings dann nicht zum Tragen,
wenn eine Versicherung greift. Wesentlicher Bestandteil des Vertragsmodells ist
daher der Abschluss einer Projektversicherung, die alle Vertragspartner unter
ihren Schirm nimmt.

Der Ansatz des weitgehenden Haftungsverzichts ergibt sich ebenfalls aus der
Projektkultur der Integrierten Projektabwicklung (vgl. Abschn. 3.1.1). Demnach
wird das Projektteam von den Grundsätzen des Vertrauens, der transparenten Prozesse, der effektiven Zusammenarbeit und des offenen Informationsaustauschs
geleitet (AIA, 2007, S. 7). Die Innovationskraft soll nicht wegen Haftungssor-
gen gebremst werden, die Parteien sollen motiviert sein, kreativ nach Lösungen
zu suchen (Getz, 2020, S. 8). Nicht jeder Fehler soll sofort harte Sanktionen in
Form einer Haftung nach sich ziehen (Dauner-Lieb, 2019, S. 342). Diese Projektkultur führt im Ergebnis zu mehr Flexibilität, Kooperation und zu einer ehrlichen
Fehlerkultur in der Zusammenarbeit. Schließlich können Planungsfehler, die in
einer frühen Phase erkannt werden, häufig mit geringem Aufwand beseitigt werden, jedenfalls im Vergleich zu einem nicht erkannten Planungsfehler, der sich
erst in der späteren Bauausführung materialisiert. Bliebe es bei der Regelung
einer gesetzlichen Haftung der am Planungsprozess beteiligten Parteien, bestünde
die Gefahr, dass neue und vielversprechende Ansätze gehemmt würden. Vielmehr zeigten sich dann die für die konventionellen Vertragsmodelle typischen
Vermeidungsstrategien und Vertuschungsversuche, die Störungen im Planungs-

und Bauprozess und insgesamt höhere Kosten nach sich ziehen. Auch Mängel in der Bauausführung, die auf einem Planungsfehler beruhen, sind dann von der Gewährleistung des Unternehmers ausgeschlossen (sofern das Unternehmen an der Planung beteiligt war). Allerdings gehen die Aufwendungen zur Beseitigung von Mängeln, die (ausschließlich) auf einen Planungsfehler zurückzuführen sind, zu Lasten des gesamten Teams und reduzieren daher die Gewinnanteile der Vertragsparteien entsprechend. Die Haftung der Parteien gegenüber dem Bauherrn in der Bauphase bleibt bestehen und richtet sich nach den gesetzlichen Regelungen (DGBT, 2021, S. 52).

Selbstverständlich bleibt bei einem Mehrparteienvertrag die Mängelbeseitigungspflicht innerhalb des betroffenen Gewerks ebenfalls bestehen, daran ändert dieses Vertragsmodell nichts. Das gilt zum Beispiel für die Mängelbeseitigung durch Nachunternehmer, die dann die Nacherfüllung leisten und den Mangel beheben müssen. Problematisch wird es in dem Moment, wenn der Anspruch nicht durchsetzbar ist – weil es entweder nicht sinnvoll oder nicht wirtschaftlich ist, bestimmte Ansprüche weiterhin zu verfolgen. Die Entscheidung, mögliche Ansprüche zu verfolgen und durchzusetzen, trifft dann das Vertragsteam (Projekt Management Team, PMT).

Folge des Haftungsverzichts ist jedoch, dass die aufgrund von Fehlern entstehenden Kosten von allen Vertragsparteien gemeinsam getragen werden. Denn Aufwendungen zur Fehlerbeseitigung trägt nicht der hierfür Verantwortliche allein, sie werden aus dem CRP bezahlt und schmälern so den Gewinnanteil aller Vertragspartner (vgl. Abschn. 3.4). Um dieses Risiko zu mindern, sind in der Regel sogenannte Multi-Projekt-Versicherungen erforderlich, die das gesamte Projekt über die Projektlaufzeit versichern (so auch die Empfehlung von Boecken & Mzee, 2021, S. 621 für IPD-Projekte). Damit entfallen Einzelversicherungen und ggf. auftretende Versicherungslücken. Außerdem erfolgen die Vertragsverwaltung und das Schadensmanagement zentral, was gerade bei komplizierten Schadensfällen mit vielen potenziellen Verursachern die Abwicklung vereinfacht. Gegenstand dieser Projektversicherung sind in der Regel eine Haftpflichtversicherung für den Bauherrn und alle an der Planung und Bauausführung Beteiligten sowie eine Bauleistungs- und Montageversicherung. Öffentliche Bauherren sind nach den Richtlinien für die Durchführung von Bauaufgaben des Bundes (RBBau) Selbstversicherer und schließen – außer in begründeten Fällen – keine Versicherung ab (BMUB, 2021, S. 80). Sie sollten prüfen, ob dennoch eine Projektversicherung von Vorteil sein kann.

Zu beachten ist, dass eine Projektversicherung kein Standardprodukt eines Versicherungsdienstleisters ist, sondern individuell und projektbezogen ausgehandelt werden muss, da sie sich je nach Projektgröße, Komplexität, Laufzeit und Versicherungsumfang von Fall zu Fall erheblich von anderen Projekten unterscheidet. Wegen der Komplexität der Materie, die nicht nur umfassende rechtliche, sondern auch wirtschaftliche und mathematische Kenntnisse über die möglichen Vertragsarten erfordert, sollten für den Abschluss entsprechender Versicherungsleistungen Spezialisten aus dem Versicherungswesen oder Fachanwälte hinzugezogen werden, idealerweise parallel zur Entwicklung des Mehrparteienvertragsentwurfs bzw. spätestens zum Zeitpunkt der Vertragsunterzeichnung. Das bedeutet vor allem für öffentliche Auftraggeber eine frühzeitige Befassung, da auch die Versicherungsleistungen in der Regel öffentlich ausgeschrieben und vergeben werden müssen, sofern die entsprechenden Schwellenwerte erreicht bzw. überschritten sind.

4.5 Die Streitbeilegung

Konflikte sind bei Bauprojekten an der Tagesordnung und lassen sich nie ganz vermeiden (Breyer et al., 2020, S. 59). Oft fehlen vor allem bei Großprojekten klare Regelungen, wie mit auftretenden Konflikten umgegangen wird. Es gibt weder interne Konfliktlösungsmechanismen, bei denen das Verfahren zur Lösung des Konflikts innerhalb der Konfliktparteien festgelegt wird, noch externe Konfliktlösungsmechanismen, bei denen eine Konfliktlösung mithilfe einer dritten Partei erreicht werden kann (DGBT, 2018, S. 65). Das Fehlen dieser Mechanismen wurde auch seitens der Reformkommission Bau von Großprojekten bereits im Jahr 2015 in ihrem Endbericht bestätigt (BMVI, 2015, S. 7). Zudem hat sich die Praxis, dem billigsten Anbieter als vermeintlich gleichbedeutend mit dem wirtschaftlichsten Anbieter den Zuschlag zu erteilen, als Treiber für ein engagiertes Nachtragsmanagement entwickelt (Schwab, 2019, S. 314). Ein Unternehmer mit einem vorausschauend und fair kalkulierten Angebot geht bei einer öffentlichen Ausschreibung leer aus, der Billiganbieter hingegen sichert die Wirtschaftlichkeit seiner Leistung schließlich durch ein professionelles Nachtragsmanagement. Daher wird in kaum einem anderen Rechtsgebiet so viel prozessiert wie im privaten Baurecht (Elwert & Flassak, 2010, S. 161).

Eine Möglichkeit, Konflikte proaktiv und vorausschauend in die Projektabwicklung einzubeziehen, bedeutet, eine Regelung zur Streitbeilegung in den Mehrparteienvertrag zu integrieren. Ziel ist die Transparenz, wie Konflikte gelöst werden können. Diese Variante eröffnet § 18 Nr. 3 VOB/B übrigens seit 2006: Hier wird ausdrücklich auf die Möglichkeit der Vereinbarung von Streitbeilegungsverfahren im VOB/B-Bauvertrag hingewiesen (Elwert & Flassak, 2010,

S. 162). Ziel der Vertragsparteien sollte es daher sein, im Konfliktfall eine schnelle und faire Streitbeilegung zu gewährleisten.

Für die Streitbeilegung kommen unterschiedliche Verfahren infrage. Die Streitlösungsordnung für das Bauwesen verweist auf folgende Konfliktlösungsverfahren (DG Baurecht & DBV, 2021, S. 11):

- Mediation,
- Schlichtung,
- Adjudikation,
- Schiedsgutachten und
- Schiedsgerichtsverfahren.

Ziel der Mediation ist es, Konflikten im Bauwesen vorzubeugen und die Parteien bei ihrer eigenständigen und einvernehmlichen Lösung durch einen Mediator zu unterstützen.

Die Schlichtung als außergerichtliche Beilegung fördert das kooperative Verhalten zwischen den Parteien, indem sie auf eine einvernehmliche Streitbeilegung hinwirkt, und kann zu einem Schlichterspruch führen, dessen Wirksamkeit allerdings die Akzeptanz der Parteien voraussetzt.

Die Adjudikation ist ein besonderes Schiedsverfahren, das in der Planungs- und Bauphase eingesetzt wird, um eine schnelle und für die Parteien vorläufig verbindliche Entscheidung über Streitigkeiten zu erreichen. Bei Bedarf kann diese Entscheidung später von einem Schiedsgericht oder einem staatlichen Gericht überprüft werden.

Das Schiedsgutachterverfahren bietet den Parteien die Möglichkeit, einzelne (Teil-)Streitigkeiten vor allem in technischen, aber auch in rechtlichen und wirtschaftlichen Fragen außerhalb des gerichtlichen Verfahrens zu beurteilen. Auf diese Weise können die Parteien gemeinsam bestimmte Feststellungen verbindlich formulieren lassen – auch für den Fall eines späteren Gerichtsverfahrens.

Das Schiedsgericht entscheidet verbindlich über Streitigkeiten unter Ausschluss des ordentlichen Rechtswegs. An diesem Verfahren können Dritte beteiligt sein (DG Baurecht & DBV, 2021, S. 10).

Der Leitfaden für Großprojekte (BMVI, 2018) empfiehlt einen projektspezifischen Zuschnitt des Vertrags mit internen Verhandlungen auf verschiedenen Eskalationsebenen:

- Es werden Gremien aus den Teammitgliedern des Mehrparteienvertrags gebildet, ggf. mehrstufig (vgl. Abb. 4.2).

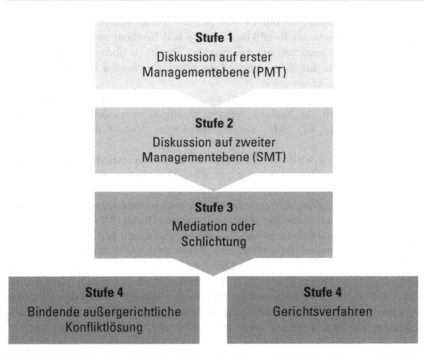

Abb. 4.2 Möglicher Ablauf des Konfliktlösungsprozesses bei IPA-Projekten, vgl. Schiling Miguel et al., 2019, S. 261

- Jede Partei kann die Konfliktlösung einleiten; strittige Punkte werden in einem geordneten Verfahren verhandelt.
- Während der Durchführung des Verfahrens wird ein vorübergehender Klageverzicht vereinbart.

Scheitern diese Vereinbarungen, kommt eine externe Schlichtung durch einen neutralen Dritten unter Verwendung einer Schlichtungsordnung zum Tragen. Bei besonders zeitkritischen, konfliktträchtigen und komplexen Bauvorhaben kann im Einzelfall geprüft werden, ob ggf. eine Adjudikation mit einem baubegleitenden „ständigen Gremium" sinnvoll ist. Bei dieser Form der Streitbeilegung treffen neutrale Sachverständige (sogenannte Adjudikatoren) eine summarische und zumindest vorläufig bindende Entscheidung (BMVI, 2018, S. 41).

Der Mehrparteienvertrag nimmt diese Regelungen auf und definiert ein einvernehmliches Verfahren zur Konfliktvermeidung und Konfliktbewältigung mit dem Ziel, eine Lösung zunächst auf der untersten Ebene zu finden (Schwab, 2019, S. 318–320). Sollte auf dieser Ebene kein Konsens gefunden werden, wird auf die nächste höhere Ebene eskaliert.

Abb. 4.2 zeigt, wie die Konfliktlösung bei IPA-Projekten in der Regel in vier Stufen abläuft. In Stufe 1 werden Streitigkeiten zunächst an die erste Managementebene, das PMT, zur eigenständigen Lösung durch Diskussion weitergeleitet.

Schon in Stufe 1 wird eine Besonderheit des Mehrparteienvertrags deutlich: Entscheidungen werden einstimmig getroffen. Der Vorteil: Wenn alle Parteien wissen, dass das Projekt nur dann weiter voranschreitet, wenn die Entscheidungen einstimmig fallen, orientieren sich diese Entscheidungen stärker an dem Maßstab des „best for project" als an individuellen Interessen (Boldt, 2021, S. 60–61). Dies wird zusätzlich verstärkt durch die vereinbarten Zielkosten und die Haftung.

Führt die Diskussion auf PMT-Ebene, also Stufe 1, nicht zu einer Lösung des Konflikts, wird dieser an die zweite Managementebene zur Diskussion weitergegeben (Schilling Miguel et al., 2019, S. 260). Innerhalb des Senior Management Teams (SMT) sind dann Mehrheitsentscheidungen möglich. Das Quorum steht im Mehrparteienvertrag. Die Entscheidungsfindung wird im MPV jeweils individuell festgelegt, zum Beispiel mit einer Mehrheit von zwei Dritteln oder bis zu 80 %.

Im Fall ergebnisloser Gespräche auf den ersten beiden Ebenen folgt in Stufe 3 eine Mediation (oder alternativ hierzu eine Schlichtung), das heißt ein einvernehmliches außergerichtliches Konfliktlösungsverfahren mithilfe eines neutralen Dritten. Entscheidend ist, dass die Möglichkeit der Schlichtung oder anderer außergerichtlicher Streitbeilegungsverfahren im Vordergrund steht und bindende außergerichtliche Verfahren bzw. Gerichtsverfahren (Stufe 4) möglichst vermieden werden. Bemerkenswert ist, dass die Verfahren in Stufe 4 alle zu einer endgültigen und verbindlichen Lösung führen (Schilling Miguel et al., 2019, S. 260) und damit Rechtssicherheit im Projekt garantieren.

Ausschreibung von IPA-Projekten 5

5.1 Wahl der geeigneten Vergabeart

Dem öffentlichen Auftraggeber stehen zunächst die Regelverfahren nach § 3 Vergabe- und Vertragsordnung für Bauleistungen – Teil A (VOB/A) – offenes oder nicht offenes Verfahren – zur Wahl, nach denen nicht zwingend, aber üblicherweise der wirtschaftlichste Bieter den Zuschlag erhält. Ein Austausch über Planungsdetails, Konstruktion, Schnittstellen, Bauablauf, Baulogistik und Risiken findet hier nicht statt (BMVI, 2015, S. 22). Daher scheiden diese beiden Verfahren für die Auswahl von Teilnehmern eines IPA-Projekts aus. Es bleiben letztlich die „dialoggeprägten" Verfahren (Püstow et al., 2018, S. 34), das Verhandlungsverfahren (mit oder ohne Teilnahmewettbewerb), der wettbewerbliche Dialog oder die Innovationspartnerschaft. Letztere ist die Ausnahme und wird selten genutzt. Voraussetzung für die Anwendung der Innovationspartnerschaft ist, dass die zu beschaffende Leistung nicht am Markt verfügbar sein darf (§ 3 Abs. 5 VOB/A bzw. § 19 Abs. 1 Vergabeverordnung, VgV). Das ist bei Architekten-, Fachplaner- und Bauleistungen selbst für komplexe Projekte nicht zutreffend. Auch der wettbewerbliche Dialog ist für Großprojekte eher ungeeignet, da er insbesondere dann greift, wenn der Auftraggeber die Lösung, die seinen Bedarf deckt, noch nicht kennt (BMVI, 2018, S. 22). Daher bleibt für komplexe Projekte außerhalb der Beschaffung von Standardleistungen das Verhandlungsverfahren, bei dem sich der öffentliche Auftraggeber an ausgewählte Unternehmen wendet, um mit einem oder mehreren Unternehmen über die Angebote zu verhandeln (§ 119 Abs. 5 Gesetz gegen Wettbewerbsbeschränkung, GWB).

© Der/die Autor(en), exklusiv lizenziert an Springer Fachmedien Wiesbaden 39
GmbH, ein Teil von Springer Nature 2022
S. C. Becker und H. Roman-Müller, *Integrierte Projektabwicklung (IPA)*,
essentials, https://doi.org/10.1007/978-3-658-38254-4_5

5.1.1 Rechtliche Zulässigkeit des Verhandlungsverfahrens bei IPA-Projekten

Für die Vergabe von Planungsaufträgen sieht § 74 VgV unter anderem das Verhandlungsverfahren mit Teilnahmewettbewerb vor. Dieses Verfahren ist bei der öffentlichen Hand bekannt und erprobt. Die Einführung eines neuen Vertragsmodells im Rahmen eines Verhandlungsverfahrens dürfte daher für die öffentliche Verwaltung keine verfahrenstechnischen Schwierigkeiten mit sich bringen (Breyer et al., 2020, S. 237).

Die Wahl eines Verhandlungsverfahrens für Bauleistungen ist dann sinnvoll, wenn im Rahmen der Zieldefinition der Wunsch vorliegt, innovative Lösungsansätze zu entwickeln. Dieser Ansatz wird bereits durch die Zulässigkeitsvoraussetzungen in § 3a EU Abs. 2 VOB/A erkennbar, wonach ein Verhandlungsverfahren mit Teilnahmewettbewerb unter anderem dann zulässig ist, wenn der Auftrag konzeptionelle oder innovative Lösungen umfasst (weitere Hinweise zu Rechtfertigungsgründen siehe BMVI, 2018, S. 110–111). Darüber hinaus ist die Zulässigkeit auch gegeben, wenn der Auftrag aufgrund konkreter Umstände, die mit der Art, der Komplexität, dem rechtlichen oder finanziellen Rahmen oder den damit einhergehenden Risiken zusammenhängen, nicht ohne vorherige Verhandlungen vergeben werden kann (Habib, 2020, S. 156). Der Erwägungsgrund 42 der Richtlinie 2014/24/EU des Europäischen Parlaments und des Rats vom 26. Februar 2014 über die öffentliche Auftragsvergabe führt weiter aus, dass öffentliche Auftraggeber über eine zusätzliche Flexibilität für die Auswahl eines Verhandlungsverfahrens verfügen sollten. Das Verfahren ist vorzusehen, wenn bei der Anwendung eines offenen oder nicht offenen Verfahrens nicht mit einem zufriedenstellenden Ergebnis zu rechnen ist. Letztlich hat das Bundesministerium des Innern, für Bau und Heimat (BMI) in einem Prüfungsbericht die Vereinbarkeit neuartiger Mehrparteienverträge mit deutschem und europäischen Vergaberecht durch eine Nutzung des Verhandlungsverfahrens bestätigt (Warda, 2020, S. 182).

5.1.2 Losweise Vergabe oder Gesamtvergabe

Bei der Ausschreibung und Vergabe von Leistungen ist neben der grundsätzlichen Wahl einer Vergabeart bzw. eines Vergabeverfahrens auch die Vergabeform zu wählen. § 97 Abs. 4 GWB bestimmt zum Schutz mittelständischer Unternehmen, dass Leistungen in der Menge aufgeteilt (Teillose) und getrennt nach Art oder Fachgebiet (Fachlose) zu vergeben sind. Mehrere Teil- oder Fachlose können jedoch zusammen vergeben werden, wenn wirtschaftliche oder technische Gründe dies erfordern. Somit sind grundsätzlich zwei Konstellationen für den Beitritt (der 3 bis 12 Parteien bzw. Schlüsselgewerke gemäß Kap. 4) zum Mehrparteienvertrag denkbar:

1. Einzelvergabe, das heißt: Ausschreibung und Vergabe getrennt nach Leistungen bzw. Gewerken (Objektplanung, Fachplanung, Unternehmen der Bauausführung),
2. Gesamtvergabe an einen Auftragnehmer, das heißt: Ausschreibung eines Konsortiums oder einer Bietergemeinschaft, die aus Planern und Bauunternehmen besteht.

5.1.3 Einzelvergaben mit anschließendem Abschluss eines Mehrparteienvertrags

Werden die Planungs- und Bauleistungen in Form von Einzelvergaben zum Abschluss eines gemeinsamen Mehrparteienvertrags vergeben, erfolgt für jede Teilleistung ein eigenes Verhandlungsverfahren. Die Auswahl der Objektplanung, der Fachplaner sowie der wesentlichen Baugewerke für die Planungsphase durchläuft somit mehrere, in der Regel parallele Verhandlungsverfahren, wie Abb. 5.1 zeigt. Der Beitritt zum Mehrparteienvertrag erfolgt dann nach Verhandlung und Zuschlagserteilung auf Basis einer entsprechenden Verpflichtung in den Ausschreibungsbedingungen (Boldt, 2019, S. 552).

5.1.4 Das Konsortium und die Bietergemeinschaft

Bei einer Gesamtvergabe wird nur eine Ausschreibung mit einem Leistungspaket ausgeschrieben, für das sich Konsortien oder Bietergemeinschaften bestehend aus Planern und Bauunternehmen bewerben und ein Angebot abgeben. Damit stehen die Mitglieder des Mehrparteienvertrags von Anfang an fest und kennen sich ggf. bereits seit der Zusammenarbeit bei vorangegangenen Projekten.

Gegen die Gesamtvergabe spricht einerseits der hohe Begründungsaufwand für die Zusammenlegung der Lose und der Umstand, dass sich erst alle Mitglieder einer Bietergemeinschaft vor der Angebotsabgabe finden müssen, was ähnlich wie bei der Generalunternehmer-Ausschreibung großer Bauvorhaben zu einer geringen Anzahl von Bietern führt. Der administrative Aufwand für ein

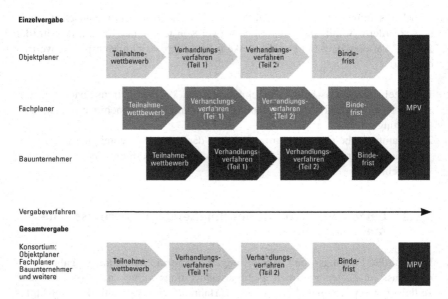

Abb. 5.1 Verhandlungsverfahren für die Einzelvergabe und die Gesamtvergabe, vgl. Hinrichs, 2022, S. 36

Verhandlungsverfahren ist allerdings kleiner als in der Einzelausschreibung und Verhandlung der Schlüsselgewerke.

Selbst wenn aus vergaberechtlicher Sicht gegen beide Konstellationen bei entsprechender Begründung keine Bedenken sprechen (Boldt, 2019, S. 553), ist die Einzelvergabe der Schlüsselgewerke für das IPA-Team im Verhandlungsverfahren mit einem Teilnahmewettbewerb zu bevorzugen, da für jedes Teilgewerk der jeweils geeignetste Marktteilnehmer identifiziert wird. Die Beauftragung der Partner (Planer und Bauunternehmen) erfolgt dreistufig, wobei in Phase 1 die Validierung erfolgt, in Phase 2 die gemeinsame Entwicklung der Bauaufgabe und in Phase 3 der Abruf der Realisierungsleistung (vgl. Abschn. 3.2).

Zu diesem frühen Zeitpunkt sollte über eine eventuelle Entschädigung von Angebotserstellungskosten nachgedacht werden, welche die Bereitschaft zur Teilnahme an der Ausschreibung deutlich fördert. Erhöhte Kosten für Bieter im Vergabeverfahren werden kompensiert und erlauben so eine Erprobung des partnerschaftlichen Umgangs, zum Beispiel in Workshops zur Auftragsanbahnung.

5.2   Phasen der Ausschreibung

Das Verhandlungsverfahren ist ein Verfahren, bei dem sich der öffentliche Auftraggeber mit oder ohne Teilnahmewettbewerb an ausgewählte Unternehmen wendet, um mit einem oder mehreren dieser Unternehmen über die Angebote zu verhandeln (§ 119, Abs. 5 GWB). Da in der Regel die besonders restriktiven Voraussetzungen, die einen Verzicht auf den Teilnahmewettbewerb erlauben würden, nicht vorliegen, wird nachfolgend das Verhandlungsverfahren mit Teilnahmewettbewerb dargestellt.

5.2.1   Offener Teilnahmewettbewerb – die Auswahlphase

Das Verhandlungsverfahren beginnt mit der Auswahlphase, dem Teilnahmewettbewerb. Hier gibt der öffentliche Auftraggeber mit der Bekanntmachung des Verfahrens zunächst einer unbeschränkten Anzahl von Unternehmen die Gelegenheit, Teilnahmeanträge abzugeben. Der öffentliche Auftraggeber kann die Zahl geeigneter Bewerber, die zur Angebotsabgabe gemäß § 51 VgV aufgefordert werden, begrenzen. Hierzu werden in der Auftragsbekanntmachung die von ihm vorgesehenen objektiven, nicht diskriminierenden Auswahlkriterien für die Begrenzung der Zahl, die vorgesehene Mindestzahl und ggf. auch die Höchstzahl der einzuladenden Bewerber angegeben (§ 51, Abs. 1 VgV). Ziel des Teilnahmewettbewerbs ist es, neben der Vorabprüfung der Eignung auch – falls gewünscht – die Zahl der Bieter zu reduzieren, die anschließend zur Angebotsabgabe aufgefordert werden. Die Auswahl erfolgt auf Basis der vom Auftraggeber definierten Auswahlkriterien, die unter den grundsätzlich geeigneten Bietern die Bildung einer Rangfolge ermöglichen. Bei komplexeren Leistungen wird die Fachkunde in der Regel durch Referenzen für Leistungen vergleichbarer Art und in vergleichbarem Umfang nachgewiesen, die der Bieter bereits anderweitig erbracht hat. Die eingereichten Referenznachweise können durch die Kontaktaufnahme mit dem jeweiligen Referenzgeber überprüft werden (Breyer et al., 2020, S. 52). Auf der Grundlage der Eignung wird eine Auswahl der infrage kommenden Bieter zur Angebotsaufforderung getroffen.

5.2.2   Verhandlung mit einer beschränkten Anzahl von Bietern – die Angebotsphase

In der anschließenden Angebotsphase gibt eine beschränkte Anzahl von Bietern – in der Regel 3 bis 5 Bieter – Erstangebote ab, über die dann verhandelt wird. Dabei ist der Auftragsgegenstand in den Ausschreibungsunterlagen weder abschließend noch detailliert festgelegt. Vielmehr beginnt nach Eingang der Angebote ein dynamischer Prozess, in dem sich durch Verhandlungen sowohl auf der Nachfrage- als auch auf der Angebotsseite Änderungen ergeben können. Allerdings darf der Beschaffungsgegenstand während der Verhandlung nicht vollständig verändert werden, das heißt, die Identität des Beschaffungsvorhabens muss im Wesentlichen gewahrt bleiben (Naumann, 2019, S. 32). Das gilt insbesondere auch für Mindestanforderungen und Zuschlagskriterien nach § 17 Abs. 10 VgV, über die nicht verhandelt werden darf. Es ist also bei der Ausgestaltung der Ausschreibung darauf zu achten, ob und was tatsächlich in Phase 1 als Mindestanforderung definiert wird. Bei komplexen Leistungen empfiehlt sich ggf. der Start mit sogenannten ersten indikativen Angeboten, in denen nur wenige Merkmale als Mindestanforderung definiert sind. Der Angebotsinhalt wird dann im Rahmen von Verhandlungsrunden mit den Bietern fortentwickelt, konkretisiert und verbessert. Die Verhandlungsphase endet schließlich mit der Abgabe der finalen Angebote der Bieter.

Im Vergleich zu bisherigen Verhandlungsverfahren wird bei der Ausschreibung der Mitglieder für das IPA-Projektteam die Phase der Verhandlung intensiver und ggf. ein mehrstufiger Prozess der Verhandlung sein (vgl. Abb. 5.2). Vor allem bei IPA-Projekten hängt deren Erfolg maßgeblich davon ab, ob die Beteiligten kooperativ zusammenarbeiten, eine „Teamkultur" aus gegenseitiger Achtung und Vertrauen geprägt ist und gemeinsam Entscheidungen im Sinne von „best for project" getroffen werden. Nun wird deutlich, dass selbst ausgefeilte Eignungs- bzw. Bewertungsmatrizen an ihre Grenzen kommen. Die üblichen Beschaffungsmechanismen reichen an dieser Stelle nicht aus, um die Eignung einzelner Teammitglieder für die Teilnahme an einem IPA-Projekt zu beurteilen (Leicht et al., 2017, S. 50). Daher spielen teilweise noch wenig genutzte Kriterien und Bewertungsmethoden für die Vergabe bei IPA-Projekten eine wichtige Rolle. Nachfolgend wird darauf näher eingegangen.

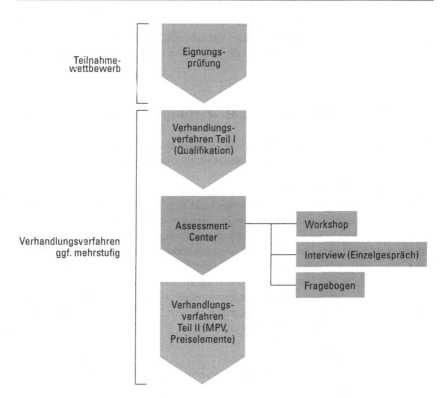

Abb. 5.2 Ablauf des Verhandlungsverfahrens, vgl. Rodde und Kersten, 2021, S. 95

5.3 Neue Wertungskriterien

Nach § 122 Abs. 2 Satz 1 GWB ist ein Bewerber bzw. Bieter geeignet, wenn er die vom öffentlichen Auftraggeber aufgestellten Kriterien („Eignungskriterien") für die ordnungsgemäße Ausführung des öffentlichen Auftrags erfüllt (Naumann, 2019, S. 33). Den Zuschlag erhält das Angebot, das gemäß § 127 Abs. 1 GWB das wirtschaftlichste Angebot ist, also das beste Preis-Leistungs-Verhältnis bietet. Zu dessen Ermittlung können neben dem Preis oder den Kosten auch qualitative, umweltbezogene oder soziale Aspekte herangezogen werden. Eine Hilfestellung und Auflistung möglicher qualitativer Zuschlagskriterien für die Ausschreibung von Bauleistungen werden im Leitfaden Großprojekte 2018 vorgestellt, zum Beispiel Organisation, Qualifikation und Erfahrung des für die Ausführung des ausgeschriebenen Auftrags konkret vorgesehenen Projektteams (BMVI, 2018, S. 97).

5.3.1 Teamfähigkeit als neues Wertungskriterium

Entscheidend für eine erfolgreiche Zusammensetzung des IPA-Teams sind neben den bekannten Eignungs- und Zuschlagskriterien die Teamfähigkeit und Teamkultur.

Ein Team ist in der Regel eine relativ kleine Gruppe von Personen, deren Fähigkeiten sich gegenseitig ergänzen und die sich für eine gemeinsame Sache, eine gemeinsame Leistungsvorgabe und gemeinsame Arbeitsanstrengungen engagieren und sich gegenseitig zur Verantwortung ziehen. Teams können daher nicht erfolgreich sein, wenn ihre Mitglieder eine individualistische Haltung beibehalten oder diese lediglich unterdrücken. Gegenseitige Verantwortung lässt sich nicht erzwingen. Dafür ist Vertrauen erforderlich (Knebel, 1995, S. 595, vgl. auch Abschn. 3.1.1). Wichtig ist die Ausgewogenheit zwischen Qualifikationen und Verhaltensweisen, um als Team erfolgreich zu sein. Solche Fähigkeiten (Knebel, 1995, S. 594) können differenziert werden in:

- fachliche Sachkenntnis,
- Fähigkeiten zur Problemlösung und Entscheidungsfindung sowie
- Fähigkeit für den Umgang miteinander.

Fachliche Fähigkeiten sind leichter zu erlernen, als Verhaltensweisen zu ändern. Daher kommt der Beurteilung von Soft Skills, also sogenannte weiche Fähigkeiten wie persönliche Werte oder Eigenschaften sowie Sozialkompetenz, für die Auswahl der potenziellen Teammitglieder eine besondere Bedeutung zu. Die Teamentwicklung findet immer auf zwei Ebenen statt: auf der Ebene des Einzelnen und auf der Ebene des Teams (Huber, 2019, S. 22). Daher reicht eine individuelle Bewertung, zum Beispiel anhand von Lebensläufen, nicht aus. Die Erfüllung von Teamkriterien potenzieller Mitglieder erfordert eine Überprüfung im Assessment-Center oder anderer gleichwertiger Auswahlverfahren (z. B. in Workshops oder Einzelgesprächen). Die Teamauswahl eines IPA-Projekts wird daher von Arbeits- und/oder Wirtschaftspsychologen begleitet, um einen Eindruck von sozialen Kompetenzen wie Kommunikationsfähigkeit, Kooperationsfähigkeit und Konfliktbewältigung zu erhalten. Dafür haben Psychologen Beurteilungskriterien entwickelt, zum Beispiel Offenheit, Konformität, Loyalität, Konfrontation mit Schwierigkeiten, gemeinsame Wertvorstellungen, Motivation oder Risikobereitschaft. Diese professionelle Begleitung und Bewertung des Verhaltens einzelner Beteiligter ist deshalb erforderlich, weil die strukturierte Bewertung der Teamfähigkeit vergaberechtlichen Grundsätzen wie Transparenz, Gleichbehandlung und Nichtdiskriminierung genügen (Naumann, 2019, S. 1) und objektivierbar in die Zuschlagswertung einfließen sollte. Die ausgewählten Mitarbeiter sollten für das Projekt zur Verfügung stehen und möglichst nicht ausgewechselt werden (Boldt, 2019, S. 551). Für die Praxis bedeutet das einen relativ großen zeitlichen und formalen Aufwand, auf den sich Objektplaner, Fachplaner und Bauunternehmen einstellen müssen, wenn sie bei dem Auswahlprozess für IPA-Projekte den Zuschlag erhalten wollen.

5.3.2 Auswahl ohne Gesamtpreis

Eine große – wenn auch lösbare Herausforderung – besteht in den im GWB definierten Grundsätzen der Vergabe (§ 97 GWB) und im Zuschlag auf das wirtschaftlichste Angebot (§ 127 Abs. 1 GWB), womit im Rahmen der Zuschlagskriterien zudem Preiselemente zu berücksichtigen sind. Zu Beginn von Stufe 1 des Auftrags liegt jedoch noch keine Planung vor, die das Unternehmen in herkömmlicher Weise über Einheitspreise oder Pauschalen bepreisen könnte. Da aufgrund des haushaltsrechtlichen Wirtschaftlichkeitsgrundsatzes ein öffentlicher Auftrag nicht ohne Berücksichtigung von Preisen oder Kosten vergeben werden darf, greift man hier auf im Voraus ermittelbare Preisbestandteile zurück: Dies sind Vergütungen nach Stunden- oder Tagessätzen für die Validierung und gemeinsame Entwicklung von Bauaufgabe und Zielkosten (Phase 1 und 2) bzw. der kalkulierte Gewinn, die allgemeinen Geschäftskosten (AGK), ausgewählte Baustellengemeinkosten und Nachunternehmerzuschläge (Realisierungsphase, Phase 3) (Janssen, 2021, S. 145; Boldt, 2019, S. 548).

5.3.3 Mögliche Eignungs-, Auswahl- und Zuschlagskriterien für IPA-Projekte

Die Definition der Auswahl- und Zuschlagskriterien hängt von der Größe und Komplexität des Projekts, von den Erwartungen des Auftraggebers, der Kenntnis

und Erfahrung mit Verhandlungsverfahren und ggf. externen Beratung für IPA-
Projekte ab. Für das Preiskriterium empfiehlt sich eine Gewichtung von ca. 20–
25 %, für die Qualitätskriterien einen höheren Anteil von ca. 75–80 %.
Eignungs- bzw. Auswahlkriterien für den Teilnahmewettbewerb können wie
folgt eingesetzt werden.

Wirtschaftliche und finanzielle Leistungsfähigkeit:

- (Mindest-)Umsatz der letzten drei abgeschlossenen Geschäftsjahre im Bereich
  der ausgeschriebenen Leistung,
- Nachweis der Betriebshaftpflichtversicherung (ggf. Vorgabe von Randbedingungen zum Eintritt in eine Projektversicherung in den Wettbewerbsunterla-
  gen),
- technische und berufliche Leistungsfähigkeit,
- Anzahl der fest angestellten Mitarbeiter,
- Vergleichbare Referenzprojekte:
  - ggf. mindestens ein Projekt für einen öffentlichen Auftraggeber,
  - ggf. mindestens ein Projekt eines bestimmten Bautyps einschließlich
    Konstruktion, Projektgröße, HOAI-Leistungsphasen oder Baukosten,
- Erfahrung in Projekten mit kooperativen/partnerschaftlichen Ansätzen
  und/oder innovativen Management bzw. Arbeitsmethoden im Bauwesen,
- Erfahrung in der Anwendung von Lean Construction (ggf. als Mindestkriterium),
- Erfahrung mit BIM (ggf. als Mindestkriterium).

Nach der Auswahl der Bewerber, die zur Angebotsabgabe aufgefordert werden
sollen, ist eine Bewertung auf der Basis folgender Zuschlagskriterien umsetzbar:

- Qualifikation und Erfahrung des konkret für die Auftragsausführung vor-
  gesehenen Schlüsselfiguren, zum Beispiel Bauleiter, Leiter der Fachplanung
  Brandschutz,
- Qualität des Personaleinsatzkonzepts (Zuweisung von Aufgaben),
- Ideenskizzen zur Herangehensweise und Umsetzung des Projekts,
- IPA-Qualifikation des Schlüsselpersonals (Bewertung der Eigenschaften auf
  der Basis der Ergebnisse des Assessment-Centers bzw. der Workshops oder
  Interviews, zum Beispiel zur Kompromiss- und Kooperationsbereitschaft,
  Teamfähigkeit und/oder Fehlerkultur),
- Preiselemente (Stunden- und Zuschlagssätze, Gewinnmarge) und
- Änderungsvorschläge am Mehrparteienvertrag.

Die Leistungen, die nicht zu den Schlüsselgewerken gehören und nicht von den Partnern des Mehrparteienvertrags oder deren Nachunternehmern zu erbringen sind, werden nach Abschluss der gemeinsamen Entwicklung der Bauaufgabe konventionell vergeben (Getz, 2022, S. 2).

5.3.4 Haushaltsrechtliche Zulässigkeit

Haushaltsrechtlich ist aufgrund des Rückgriffs auf vorab bestimmbare Preiskomponenten (vgl. Abschn. 5.3.2) und des Kündigungsrechts des Auftraggebers nach Ende der ersten Stufe der in § 24 Bundeshaushaltsordnung (BHO) festgelegte Grundsatz gewahrt, nach dem Bauleistungen erst dann beauftragt werden dürfen, wenn die Kosten feststehen (weitere Informationen hierzu siehe: Püstow et al., 2018; Janssen, 2021, S. 145). Darüber hinaus kann der Auftraggeber nach Abschluss der Planungsphase entscheiden, höhere Mittel einzusetzen oder das Projekt so nicht umzusetzen, falls sich nach Abschluss der Planungsphase herausstellen sollte, dass das Projekt nicht im Rahmen des ursprünglichen Projektbudgets realisiert werden kann (Boldt, 2019, S. 549).

5.3.5 Moderator bzw. Teamcoach

Die erfolgreiche Etablierung einer integrierten Projektabwicklung erfordert vor allem die Bereitschaft zu einer neuen Art der Zusammenarbeit, bei der alle Beteiligten den Erfolg des Gesamtprojekts im Blick haben. Daher sieht beispielweise der IPA-Handlungsleitfaden Workshops für Vertragsverhandlungen und die Teamausrichtung vor. Letztere soll dazu beitragen, eine Projektkultur aufzubauen und das IPA-Team für Projektwerte und -ziele zu gewinnen (Cheng et al., 2020, S. 34). In jedem Fall ist zu empfehlen, hierfür – und für die spätere Betreuung der Projektteams – ein externes Coaching und Training einzusetzen. Es beschleunigt die Teamintegration erheblich oder kann etwaige Störungen und Fehlverhalten feststellen, die den Teammitgliedern selbst nicht auffallen (Cheng et al., 2020, S. 129).

Schlussbetrachtung

6

Dieser Schnelleinstieg möchte neue Denkanstöße für eine innovative Abwicklung vor allem lang laufender und komplexer Großprojekte geben. Ferner möchte er die wesentlichen Merkmale und Funktionsweisen der Integrierten Projektabwicklung (IPA) vorstellen. Anlass ist die zunehmende Unzufriedenheit der an einem Bauprojekt beteiligten Parteien aufgrund von Termin- und Kostenüberschreitungen, einer ineffizienten Projektabwicklung und Kultur des Misstrauens wie auch der fehlenden Transparenz im Projekt. Sowohl auf der Seite der Bauherren als auch auf der von Architekten und Ingenieuren wird zunehmend der Wunsch nach einer anderen Art der Projektabwicklung geäußert, wie sie im Ausland seit Jahren vor allem für Großprojekte erfolgreich eingesetzt wird. Auf der Basis der Denkansätze dieser Modelle, zum Beispiel Integrated Project Delivery (IPD), wurden für Deutschland Prinzipien und Methoden entwickelt, mit denen innovative und integrierte Ansätze für Bauprojekte umgesetzt werden können: die IPA. Bei diesem Modell werden Einzelinteressen durch die Vereinbarung gemeinsamer Projektziele zurückgestellt. Die frühe Integration aller wesentlichen Projektbeteiligten ermöglicht eine „kollektive Intelligenz" im Projekt, die lösungsorientiertes Handeln und Innovation fördert. Die flache Projektorganisation erlaubt mit der Auswahl geeigneter Teammitglieder, einer transparenten Kommunikation und Dokumentation und dem Prinzip der Einstimmigkeit eine Begegnung auf Augenhöhe und eine von Respekt und Vertrauen geprägte Projektkultur. Neu ist auch die Verwendung eines Mehrparteienvertrags, der eher Spielregeln als Leistungsinhalte definiert, um dadurch mehr Flexibilität in der Ermittlung von Projektzielen und einer gemeinschaftlichen Reaktion auf Änderungen zuzulassen. Der Einsatz kooperativer Werkzeuge wie BIM, Lean Construction und Co-Location unterstützt und fördert die vorgenannten Prinzipien. Zusätzliche finanzielle Anreize erhöhen den Willen zur Kooperation mit dem Ziel, gemeinsam das Beste für das Projekt zu erreichen.

S. C. Becker und H. Roman-Müller, *Integrierte Projektabwicklung (IPA)*, essentials, https://doi.org/10.1007/978-3-658-38254-4_6

Bisher wurde in Deutschland ein Pilotprojekt in Hamburg mit der IPA erfolgreich durchgeführt, mehr als ein Dutzend weitere Pilotprojekte werden derzeit in unterschiedlichen Projektphasen umgesetzt (Haghsheno et al., 2022, S. 63). Jüngstes und prominentes Beispiel für ein IPA-Projekt realisiert der Bundesbau Baden-Württemberg: Hier soll der Neubau eines Labor- und Forschungsgebäudes am Groß-Berliner Damm mit einem Bauvolumen von 200 Mio. Euro von der Bundesanstalt für Immobilienaufgaben (BImA) mittels der Integrierten Projektabwicklung realisiert werden (BAM GBD 149, 2022).

Ungeachtet der Vorteile, welche mit die IPA verbunden sind, zeigt sich in Gesprächen oft Skepsis gegenüber diesem Modell, seien es Mitarbeiter oder Entscheider. Vor allem die Vergütung auf Basis der Selbstkosten, der höhere Aufwand vor Vertragsschluss, die Wahl der geeigneten Projektpartner und die immer wieder geäußerte Forderung nach einer „neuen Projektkultur" hinterlassen Zweifel und Unsicherheit in Bezug auf die Realisierbarkeit der IPA. Tatsächlich bietet sie keine Garantie für einen erfolgreichen Projektverlauf. Aber die IPA liefert eine rechtlich zulässige Alternative zum Status quo und bietet Lösungen für altbekannte Probleme bei konventionellen Bauverträgen, auch wenn sich die Anwendung eher auf Großprojekte beschränken wird. Aus unserer Sicht als Autoren ist es nun wichtig, die derzeit laufenden IPA (Pilot-)Projekte eng, im Idealfall wissenschaftlich zu begleiten, um weitere Erkenntnisse für den erfolgreichen Einsatz zu sammeln, ggf. Standards für den Einsatz der IPA abzuleiten und Unsicherheiten bzw. Vorbehalte abzubauen. Vor allem sollten auch Studierende im Bauwesen und junge Absolventen die IPA als potenzielles Abwicklungsmodell kennenlernen, um in frühen Projektphasen richtige Weichenstellungen zu erkennen und zu fördern.

Letztendlich ist klar, dass eine einseitige Anordnung der IPA durch das Management sehr wahrscheinlich ebenso wenig zum Projekterfolg führt wie der einseitige Wunsch von Mitarbeitern gegenüber der Unternehmensführung. Nur ein im wechselseitigen Dialog und von gegenseitigem Vertrauen geprägter Diskurs erlaubt eine realistische Einschätzung, ob die IPA für ein Projekt das richtige Modell ist. Wir wünschen bei dieser Auseinandersetzung viel Erfolg und das Beste für Ihr Projekt!

Simon Christian Becker
Horst Roman-Müller

Was Sie aus diesem *essential* mitnehmen können

- Die Vorteile der Integrierte Projektabwicklung im Vergleich zur konventionellen Projektabwicklung.
- Wie IPA-Projekte umgesetzt werden.
- Wie die IPA Kosten- und Terminsicherheit schafft.
- Wie Teams spezifisch auf das Projekt zugeschnitten und so Innovationen gefördert und Konflikte verringert werden.
- Wie Gefahren und Risiken in die Kosten- und Terminplanung integriert werden.
- Die Funktionsweise eines Mehrparteienvertrags, insbesondere die Unterschiede zwischen transaktionalen versus relationalen Verträgen.
- Wie mit einer aktiven Konfliktprävention Streitigkeiten aufgelöst werden.
- Wie ein IPA-Projekt mit innovativen qualitativen Kriterien ausgeschrieben wird.

Literatur

AIA. (2007). Integrated Project Delivery. A Guide. 1. Aufl. Hg. v. American Institute of Architects. American Institute of Architects (AIA). https://help.aiacontracts.org/public/wp-content/uploads/2020/03/IPD_Guide.pdf. Zugegriffen: 6. Febr. 2022.

Al Khafadji, A., & Scharpf, S. (2018). Kooperative Vertragsmodelle. Vergleichende Analyse des GMP- und des Allianz-Vertrages. Unter Mitarbeit von Universitätsbibliothek Braunschweig. In: T. Kessel & P. Schwerdtner (Hrsg.), *Tagungsband zum 29. BBB-Assistententreffen – Fachkongress der wissenschaftlichen Mitarbeiter der Bereiche Bauwirtschaft, Baubetrieb und Bauverfahrenstechnik: Beiträge zum 29. BBB-Assistententreffen vom 06. bis 08. Juni 2018 in Braunschweig* (S. 12–20). Unter Mitarbeit von Universitätsbibliothek Braunschweig: Zentrum für Bau- und Infrastrukturmanagement.

Ashcraft, H. (2010). Negotiating an Integrated Project Delivery Agreement. Hg. v. Hanson Bridgett. https://www.hansonbridgett.com/-/media/Files/Publications/NegotiatingIntegratedProjectDeliveryAgreement.pdf. Zugegriffen: 15. Febr. 2022.

Aslesen, A. R., Nordheim, R., Varegg, B., Lædre, O. (2018). IPD in Norway. In: 26th Annual Conference of the International Group for Lean Construction. 26th Annual Conference of the International Group for Lean Construction. Chennai, India, 18.07.2018–20.07.2018: International Group for Lean Construction (Annual Conference of the International Group for Lean Construction), S. 326–336.

BAM GBD 149. (2022). Neubau für die BAM in Berlin-Adlershof. Hg. v. Bundesbau Baden-Württemberg Staatliches Hochbauamt Ulm. https://www.gbd149.berlin/projekt. Zugegriffen: 27. März 2022.

Bertagnolli, F. (2020). *Lean management.* Springer Fachmedien Wiesbaden.

BMUB. (2021). Richtlinien für die Durchführung von Bauaufgaben des Bundes. RBBau. Hg. v. Bundesministerium für Umwelt, Naturschutz, Bau und Reaktorsicherheit. https://www.fib-bund.de/Inhalt/Richtlinien/RBBau/RBBau_Onlinefassung_10.05.2021.pdf. Zugegriffen: 18. März 2022.

BMVI. (2015). Reformkommission Bau von Großprojekten. Komplexität beherrschen – kostengerecht, termintreu und effizient. Hg. v. Bundesministerium für Verkehr und digitale Infrastruktur.

BMVI. (2018). Leitfaden Großprojekte. Hg. v. Bundesministerium für Verkehr und digitale Infrastruktur. Berlin. https://www.bmvi.de/SharedDocs/DE/Publikationen/G/leitfaden-grossprojekte.pdf?__blob=publicationFile. Zugegriffen: 6. Febr. 2022.

Boecken, T., & Mzee, Z. (2021). BIM am Bau: Ein Grund mehr für Mehrparteienverträge? *BauR – Baurecht*, S. 610–622.

Boldt, A. (2019). Integrierte Projektabwicklung – Ein Zukunftsmodell für öffentliche Auftraggeber? *NZ Bau*, (9), S. 547–553.

Boldt, A. (2021). Mehrparteienverträge für komplexe Bauprojekte. *Zeitschrift für Konfliktmanagement*, 24(2), S. 58–61. https://doi.org/10.9785/zkm-2021-240206.

Breyer, W., Boldt, A., & Haghsheno, S. (2020). Alternative Vertragsmodelle zum Einheitspreisvertrag für die Vergabe von Bauleistungen durch die öffentliche Hand. Hg. v. Bundesinstituts für Bau-, Stadt- und Raumforschung (BBSR) im Bundesamt für Bauwesen und Raumordnung (BBR). https://www.bbsr.bund.de/BBSR/DE/forschung/programme/zb/Auftragsforschung/3Rahmenbedingungen/2017/vertragsmodelle/endbericht.pdf;jsessionid=8CEA7BE86B048791A7EBE5BD9B02BDFB.live11312?__blob=publicationFile&v=2. Zugegriffen: 14. Febr. 2022.

Breyer, W., Dauner-Lieb, B., Wietersheim, M. von (2021). Mehrparteienverträge am Bau – Vorschläge zu einer Anpassung des Vergaberechts. In: *BauR – Baurecht (7)*, S. 1017–1021.

Budau, M., & Mayer, D. (2019). Analyse und Darstellung wesentlicher Bestandteile von Projektabwicklungsformen im Bauwesen. In: S. Haghsheno, K. Lennerts, & S. Gentes (Hrsg.), *30. BBB-Assistententreffen 2019 in Karlsruhe. Fachkongress der wissenschaftlichen Mitarbeiter Bauwirtschaft, Baubetrieb, Bauverfahrenstechnik: 10.–12. Juli 2019: Institut für Technologie und Management im Baubetrieb (TMB), Karlsruher Institut für Technologie (KIT)* (S. 54–68). KIT Scientific Publishing.

Budau, M., Schmitz, N., & Haghsheno, S. (2018). Mehrparteienvereinbarungen auf Basis der Theorie relationaler Verträge – Ein Beitrag zur Lösung von Problemen konventioneller Projektabwicklungsformen bei komplexen Bauvorhaben? In: T. Kessel & P. Schwerdtner (Hrsg.), *Tagungsband zum 29. BBB-Assistententreffen – Fachkongress der wissenschaftlichen Mitarbeiter der Bereiche Bauwirtschaft, Baubetrieb und Bauverfahrenstechnik: Beiträge zum 29. BBB-Assistententreffen vom 06. bis 08. Juni 2018 in Braunschweig* (S. 75–82). Unter Mitarbeit von Universitätsbibliothek Braunschweig: Zentrum für Bau- und Infrastrukturmanagement. https://publikationsserver.tu-braunschweig.de/receive/dbbs_mods_00065735. Zugegriffen: 18. März 2022.

Cheng, R., Osburn, L., & Lee, L. (2020). Integrierte Projektabwicklung. Ein Leitfaden für Führungskräfte. Unter Mitarbeit von Markku Allison, Howard Ashcraft, Renée Cheng, Sue Klawans und James Pease. (1. Aufl.). Selbstverlag. https://www.glci.de/static/43c973db8b492b418f2a4bbd5d8e1a27/IPA-Handlungsleitfaden-2020-einseitiger-Druck.pdf. Zugegriffen: 6. Febr. 2022.

Cheng, R., Osburn, L., & Lee, L. (2021). *Integrierte Projektabwicklung.* Independently published.

Cleves, J., Darrington, J., Lichtig, W., O'Connor, P. J., & Perlberg, B. (2016). State of the art in IPD contracting. Consensus Docs. Webinar, 24.02.2016. https://leanconstruction.org/uploads/wp/media/docs/resources/ConsensusDocs/2016%20Webinar%20-%20State%20of%20the%20Art%20in%20IPD%20Contracting%20-%20slides%20%204%204%20%2016.pdf. Zugegriffen: 15. Febr. 2022.

Cohen, J. (2010). Integrated project delivery. Case studies. Hg. v. AIA National. https://www.ipda.ca/site/assets/files/1111/aia-2010-ipd-case-studies.pdf. Zugegriffen: 14. Febr. 2022.

Colledge, B. (2015). Relational contracting – Creating value beyond the project. *Lean Construction Journal,* (2), 30–45. https://leanconstruction.org/uploads/wp/media/docs/ktll-add-read/Relational_Contracting_-_Creating_Value_Beyond_The_Project.pdf.

ConsensusDocs. (2016). Consensus Docs 300. Standard Multi-Party Integrated Project Delivery (IPD) Agreement. Arlington. https://www.horstconstruction.com/wp-content/uploads/2020/02/Consensus-Doc-300.pdf. Zugegriffen: 4. Apr. 2022.

Dauner-Lieb, B. (2019). Mehrparteienverträge für komplexe Bauvorhaben. *NZ Bau,* S. 339–342.

Degen, F. P. (2020). Der Mehrparteienvertrag. Wie Großprojekte ohne Konflikte termin- und kostentreu realisiert werden können. Der erste Mehrparteienvertrag in Deutschland ist Realität. https://www.iww.de/pbp/quellenmaterial/id/214045. Zugegriffen: 14. Febr. 2022.

Demir, S.-T., & Theis, P. (2018). Anwendung von Lean Key Performance-Indikatoren in Bauprojekten. In: M. Fiedler (Hrsg.), *Lean Construction – Das Managementhandbuch* (S. 377–395). Springer Berlin Heidelberg.

DG Baurecht und DBV. (2021). Streitlösungsordnung für das Bauwesen (SL Bau). Hg. v. Deutsche Gesellschaft für Baurecht e. V. und Deutscher Beton- und Bautechnik-Verein e. V. Wiesbaden, Berlin.

DGBT. (2018). 7. Deutscher Baugerichtstag. am 4./5. Mai 2018 in Hamm/Westf. Thesen der Arbeitskreise I bis XII. Hg. v. Deutscher Baugerichtstag e. V.

DGBT. (2021). 8. Deutscher Baugerichtstag am 21./22. Mai 2021 in Hamm/Westf. Thesen der Arbeitskreise I bis XII. Hg. v. Deutscher Baugerichtstag e. V. https://www.baugerichtstag.de/wp-content/uploads/2021/03/BauR_2021_Thesenheft.pdf. Zugegriffen: 4. Apr. 2022.

Eitelhuber, A. (2007). *Partnerschaftliche Zusammenarbeit in der Bauwirtschaft. Ansätze zu kooperativem Projektmanagement im Industriebau.* Zugl.: Kassel, Univ.-Diss, 2007. Kassel Univ. Press (Schriftenreihe Bauwirtschaft 1, Forschung, 10). http://www.uni-kassel.de/upress/online/frei/978-3-89958-321-2.volltext.frei.pdf.

Elwert, U., & Flassak, A. (2010). *Nachtragsmanagement in der Baupraxis. Grundlagen – Beispiele – Anwendung.* Unter Mitarbeit von Alexander Flassak. 3. Aufl. Springer Vieweg. In: Springer Fachmedien Wiesbaden GmbH. https://ebookcentral.proquest.com/lib/kxp/detail.action?docID=751658.

Eschenbruch, K. (2019). Integrated Project Delivery aus der Sicht des deutschen Projektmanagements. In C. Hofstadler (Hrsg.), *Aktuelle Entwicklungen in Baubetrieb, Bauwirtschaft und Bauvertragsrecht* (S. 519–526). Springer Fachmedien Wiesbaden.

Fiedler, M. (Hrsg.). (2018). *Lean Construction – Das Managementhandbuch.* Springer Berlin Heidelberg.

Fischer, M., Khanzode, A., Reed, D. P., & Ashcraft, H. W. (2017). *Integrating project delivery.* Wiley.

Frahm, M., & Rahebi, H. (2021). *Management von Groß- und Megaprojekten im Bauwesen.* Springer Fachmedien Wiesbaden.

Getz, C. (2020). Kann auch der „partnerschaftlich" planen und bauen? BundesBauBlatt. https://www.bundesbaublatt.de/artikel/bbb_Kann_auch_der_Bund_partnerschaftlich_planen_und_bauen__3542138.html. Zugegriffen: 14. Febr. 2022.

Getz, C. (2022). Mehrparteienverträge im Bauwesen. Hg. v. Bundesministerium für Wohnen, Stadtentwicklung und Bauwesen. https://www.bmwsb.bund.de/SharedDocs/downlo ads/Webs/BMWSB/DE/veroeffentlichungen/bauen/kurzdarstellung-mehrparteienvertra ge.pdf;jsessionid=6A6A87A311A0307F1A49CD63E4A0B9B3.1_cid364?__blob=pub licationFile&v=5. Zugegriffen: 11. Mai 2022.

Goger, G., & Reckerzügl, W. (2020). Alternative Abwicklungsmodelle für Bauprojekte. Wie groß ist deren Beitrag bei der Lösung der bestehenden Probleme? *Bauaktuell, 11*(6), S. 223–230. https://publik.tuwien.ac.at/files/publik_291782.pdf. Zugegriffen: 4. Febr. 2022.

Habib, M. (2020). *Alternative Ansätze für einen Paradigmenwechsel bei Planung und Ausführung von Infrastrukturprojekten in Deutschland*. Unter Mitarbeit von Universität Kassel.

Haghsheno, S. (2020). Integrierte Projektabwicklung. Bauindustrie Bayern und Hessen Thüringen. Würzburg, 13.02.2020. https://www.bauindustrie-bayern.de/fileadmin/Webdata/ Themen/20200213_Tagung_Bauen_statt_Streiten/2020_02_13_Haghsheno_IPA_-_Bau industrie_Bayern_Hessen_Thueringen_-_bauen_statt_streiten.pdf. Zugegriffen: 28. März 2022.

Haghsheno, S., Baier, C., Budau, M. R.-D., Schilling Miguel, A., Talmon, P., & Frantz, L. (2022). Strukturierungsansatz für das Modell der Integrierten Projektabwicklung (IPA)/Structuring approach for Integrated Project Delivery. *Bauingenieur, 97*(03), S. 63–76. https://doi.org/10.37544/0005-6650-2022-03-47.

Haghsheno, S., Baier, C., Schilling Miguel, A., Talmon, P., & Budau, M. R.-D. (2020). Integrated Project Delivery (IPD). Ein neues Projektabwicklungsmodell für komplexe. *Bauvorhaben, 5*(2), S. 80–93.

Haghsheno, S., Lennerts, K., & Gentes, S. (Hrsg.). (2019). *30. BBB-Assistententreffen 2019 in Karlsruhe. Fachkongress der wissenschaftlichen Mitarbeiter Bauwirtschaft, Baubetrieb, Bauverfahrenstechnik: 10.–12. Juli 2019: Institut für Technologie und Management im Baubetrieb (TMB), Karlsruher Institut für Technologie (KIT). Karlsruher Institut für Technologie*. KIT Scientific Publishing.

Heidemann, A. (2011). *Kooperative Projektabwicklung im Bauwesen unter der Berücksichtigung von Lean-Prinzipien – Entwicklung eines Lean-Projektabwicklungssystems. Internationale Untersuchungen im Hinblick auf die Umsetzung und Anwendbarkeit in Deutschland*. Zugl.: Karlsruhe, KIT, Diss., 2010. KIT Scientific Publishing (Institut für Technologie und Management im Baubetrieb, Karlsruher Institut für Technologie Reihe F, S. 68).

Hinrichs, G. (2022). BAM GBD 149 Integrierte Projektabwicklungs. Mehrparteienvertragsmodell im Bundesbau. Bundesbau Baden-Württemberg. Berlin, 25.01.2022. https://www. gbd149.berlin/fileadmin/BAM/pdf/220125_GBD149_Dialog_L_VE_Praesentation.pdf.

Hofstadler, C., & Kummer, M. (2017). *Chancen- und Risikomanagement in der Bauwirtschaft*. Springer Berlin Heidelberg.

Huber, M. (2019). *Resilienz im Team*. Springer Fachmedien Wiesbaden.

Ilozor, B. D., & Kelly, D. J. (2012). Building information modeling and integrated project delivery in the commercial construction industry: A conceptual study. *EPPM-Journal, 2*(1), S. 23–36. https://doi.org/10.32738/JEPPM.201201.0004.

IPA-Zentrum. (2022). IPA-Zentrum. https://ipa-zentrum.de/. Zugegriffen: 4. Apr. 2022.

Janssen, R. (2021). Mehrparteienvertrag – Baustein der Weisen? *NZ Bau*, S. 145.

Karasek, G. (2021). Bauvertrag: Klassisches Modell oder …? Wohin geht die Reise? In: Christian Hofstadler und Christoph Motzko (Hg.): Agile Digitalisierung im Baubetrieb. Wiesbaden: Springer Fachmedien Wiesbaden.

Knebel, H. (1995). Zur Beurteilung von Teamfähigkeit und Teamleistung. *PERSONAL, 594–601.*

Knopp, A. (2020). Ganzheitliches Nachtragsmanagement des Auftraggebers. SHAKER Verlag. http://publications.rwth-aachen.de/record/774908/files/774908.pdf. Zugegriffen: 6. Febr. 2022.

Kröger, S., & Fiedler, M. (2018). Praxiserfahrung aus der Implementierung on Lean Construction. In: M. Fiedler (Hrsg.), *Lean Construction – Das Managementhandbuch* (S. 425–446). Springer Berlin Heidelberg.

Kron, C., Mehlig, B., Mozer, M., & Rohde, C. (2017). Baubegleitendes Störungs-Controlling – Konfliktmanagement bei Großbauvorhaben hinsichtlich Planungs- und Bauablaufstörungen. *Bauingenieur, 92*(09), S. 392–397. https://doi.org/10.37544/0005-6650-2017-09-76.

Lahdenperä, P. (2012). Making sense of the multi-party contractual arrangements of project partnering, project alliancing and integrated project delivery. In: *Construction Management and Economics* 30 (1), S. 57–79. https://doi.org/10.1080/01446193.2011.648947.

Leicht, R., Townes, A., & Franz, B. (2017). Collaborative team procurement for integrated project delivery. A case study. *Lean Construction Journal,* S. 49–64.

Lentzler, M. (2019). Miteinander statt Gegeneinander- Systemwechsel und Kulturwandel durch integrierte Projektabwicklung mit Mehrparteienerträgen. In: D. Heck (Hrsg.), *5. Internationaler BBB Kongress. 19.09.19 Graz. Bauen neu denken!* (S. 181–194). Verlag der Technischen Universität Graz.

Leupertz, S. (2016). Partnering. Kooperation als Maßstab für die Gestaltung von Bauverträgen. *BauR – Baurecht,* (9a), S. 1546–1553.

Merikallio, L. (2018). Alliancing in Finnland. In M. Fiedler (Hrsg.), *Lean Construction – Das Managementhandbuch* (S. 293–307). Springer Berlin Heidelberg.

Miles, R., & Ballard, G. (1997). CONTRACTING FOR LEAN PERFORMANCE: CONTRACTS AND THE LEAN CONSTRUCTION TEAMPERFORMANCE MEASUREMENT. In: *5th Annual Conference of the International Group for,* S. 103–114. https://iglcstorage.blob.core.windows.net/papers/attachment-0a520623-2683-40db-891e-f1ca8de1d501.pdf. Zugegriffen: 5. Febr. 2022.

Naumann, D. (2019). *Vergaberecht. Grundzüge der öffentlichen Auftragsvergabe* (1. Aufl.). Springer Fachmedien Wiesbaden.

Paar, L. (2019). Handlungsempfehlungen für ein alternatives Abwicklungsmodell für Infrastrukturprojekte in Österreich. In: Christian Hofstadler (Hg.): Aktuelle Entwicklungen in Baubetrieb, Bauwirtschaft und Bauvertragsrecht. Wiesbaden: Springer Fachmedien Wiesbaden, S. 635–646.

Pease, J. (2018). What is integrated project delivery. The contract (Part 1 of 3). https://leanipd.com/blog/what-is-integrated-project-delivery-the-contract/. Zugegriffen: 11. Febr. 2022.

Philipp, D. R. R. (2019). Kosten und Nutzen einer frühzeitigen Einbindung von Expertenwissen in Allianzmodellen. In: P. Schwerdtner (Hrsg.), *Kooperative Vertragsmodelle und baubetriebliche Lösungsansätze – Ist Deutschland reif für Alternativen? Beiträge zum Braunschweiger Baubetriebsseminar vom 22. Februar 2019.* Technische Universität

Braunschweig Institut für Bauwirtschaft und Baubetrieb (Schriftenreihe des Instituts für Bauwirtschaft und Baubetrieb, Heft 63).

Püstow, M., Göhlert, T., & Meiners, J. (2018). Einbindung des Baus in die Planung. Gutachten zur Vereinbarkeit mit Haushalts- und Vergaberecht. für den Hauptverrband der Deutschen Bauindustrie e. V. Hg. v. KMPG Europe LLP. Berlin.

Ritter, N. (2017). Mehrparteienverträge mit BIM. *Bauwirtschaft,* (2), 80–90.

Rodde, N., & Kersten, L. (2021). Teamfähigkeit als Wertungskriterium in Vergabeverfahren für öffentliche Bauprojekte mit partnerschaftlichen Vertragsmodell. In H.-J. Bargstädt (Hrsg.), *Die Zukunft des Bauens heute gestalten. 6. Internationaler BBB-Kongress 16. September 2021 in Weimar: Tagungsband* (S. 95–101). Bauhaus-Universitätsverlag Weimar.

Rodde, N., & Schulz, S. (2021). IPA am Hamburger Hafen, Umgang mit Terminen, Kosten und Risiken in Phase 2 der Allianz. German Lean Construction Institute e. V. Frankfurt am Main, 17.11.2021.

Scharpf, S., & Al Khafadji, A. (2018). Vergabeprozesse bei Integrierten Projektabwicklungsmodellen: Internationale Variantenbetrachtung unter Beachtung des Preiskriteriums. Unter Mitarbeit von Universitätsbibliothek Braunschweig. In: T. Kessel & P. Schwerdtner (Hrsg.), *Tagungsband zum 29. BBB-Assistententreffen – Fachkongress der wissenschaftlichen Mitarbeiter der Bereiche Bauwirtschaft, Baubetrieb und Bauverfahrenstechnik: Beiträge zum 29. BBB-Assistententreffen vom 06. bis 08. Juni 2018 in Braunschweig.* Unter Mitarbeit von Universitätsbibliothek Braunschweig: Zentrum für Bau- und Infrastrukturmanagement.

Schilling Miguel, A., Schneider, M., & Budau, M. (2019). Analyse und Bewertung und Konfliktlösungsmechanismen im Rahmen der Projektabwicklungsform Integrated Project Delivery (IPD) im Bauwesen. In: S. Haghsheno, K. Lennerts, & S. Gentes (Hrsg.), *30. BBB-Assistententreffen 2019 in Karlsruhe. Fachkongress der wissenschaftlichen Mitarbeiter Bauwirtschaft, Baubetrieb, Bauverfahrenstechnik: 10.–12. Juli 2019: Institut für Technologie und Management im Baubetrieb (TMB). Karlsruher Institut für Technologie (KIT)* (S. 248–265). KIT Scientific Publishing.

Schlabach, C. (2018). Key Performance Indicators zur Steuerung des Tagesgeschäfts in der Baubranche. In: M. Fiedler (Hrsg.), *Lean Construction – Das Managementhandbuch* (S. 363–374). Springer Berlin Heidelberg.

Schwab, N. (2019). *Konfliktkompetenz im Bauprojektmanagement.* Springer Fachmedien Wiesbaden.

Schwerdtner, P. (2019). Riskomanagement bei Modellen der Integrierten Projektabwicklung. IPA-Zentrum. German Lean Construction Institute e. V. Berlin, 26.06.2019. https://www.glci.de/static/dd0468f570ccd9b07dd8b74f90571be2/20190626_GLCI_1_IPA_Konferenz_8_Racky.P.Schwerdtner.P.pdf. Zugegriffen: 28. März 2022.

Sundermeier, M., & Schlenke, C. (2010). Projektallianzen für Großbauvorhaben – lediglich „noch ein Partnerschaftsmodell" oder Paradigmenwechsel der Vertragsgestaltung? *Bautechnik, 87*(9), 562–571. https://doi.org/10.1002/bate.201010039.

Thomsen, C., Darrington, J., Dunne, D., & Lichtig, W. (2009). Managing integrated project delivery. Hg. v. CMAA. https://leanconstruction.org/uploads/wp/2016/02/CMAA_Managing_Integrated_Project_Delivery_1.pdf. Zugegriffen: 15. Febr. 2022.

University of Minnesota. (2016). Motivations and means: How and why IPD and lean lead to success. https://leanconstruction.org/uploads/wp/2016/02/MotivationMeans_IPDA_LCI_Report.pdf. Zugegriffen: 23. März 2022.

Walker, D., & Rowlinson, S. (2020). *Routledge handbook of integrated project delivery.* Routledge. https://www.routledgehandbooks.com/doi/10.1201/9781315185774.

Warda, J. (2020). Die Realisierbarkeit von Allianzverträgen im deutschen Vertragsrecht. Eine rechtsvergleichende Untersuchung am Beispiel von Project Partnering, Project Alliancing und Integrated Project Delivery (1. Aufl.). Nomos (Schriften zum Baurecht, v.23). https://ebookcentral.proquest.com/lib/kxp/detail.action?docID=6405419.

Printed in the United States
by Baker & Taylor Publisher Services